ケータイの裏側
吉田里織
石川一喜
ほか
コモンズ

デザイン●クローゼット（矢島一希）

# 第1章

# ケータイ社会への（いい加減な）不服従

星川 淳

# 1　古典的ユートピアを出て

私は一九八二年に鹿児島県の屋久島に移り住み、二〇〇五年末に国際環境保護団体グリーンピース・ジャパンの事務局長に就任するまで二〇年あまり、家族とともに自称〝半農半著〟の暮らしを営んでいた。まだ「持続可能な」という形容詞も「スローライフ」というキャッチコピーも人口に膾炙《かいしゃ》しはじめるずっと前の時代、人間と自然のよりよい関係を生活レベルで模索するには、自給的な農業と作家・翻訳家の生業とがほどほどに折り合ったのだ。その暮らしぶりを見た若い友人が「半農半X」と普遍化して同名の本まで著し、ずいぶん共鳴の輪が広がっているらしい（塩見直紀『半農半Xという生き方』ソニー・マガジンズ、二〇〇三年。塩見直紀と種まき大作戦編著『半農半Xの種を播く——やりたい仕事も、農ある暮らしも』コモンズ、二〇〇七年）。

しかし、動より静を基調とする生活には特有のリズムがあって、世の中の流れとはかならずしも同調しない。長年、手書きしていた原稿をワープロ（専用機）で書くようになったのが八九年、パソコンとインターネットを使いはじめたのは、屋久島にISDN回線が引かれた九七年だったか。とにかく、必要性を十分に吟味してから、のんびり導入した。携帯電話（ケータイ）はついに屋久島では必要と感じず、グリーンピースの仕事で持たざるをえなくなるまで敬遠していた。

たまに東京などへ出て電車に乗ると、ほとんどの人がケータイ画面をのぞき込み、忙しそうに親指を動かす姿は異様で、その仲間入りをしたいと思えなかったのが正直なところだ。同じ違和感は、人前で両耳にイヤホンをはめて音楽に聞き入る習慣に対しても抱いた。ずいぶん古くさいことを言うようだが、他人や世界から自分を切り離す拒絶と孤立が、なんだか切ない。自分と音楽を結ぶ回路以外、世界を消してしまいたい人びとの群れが埋め尽くす都会は、ディストピア(反ユートピア)ＳＦさながらに映った。

## 2　使わない人がいる多様性

こうした抵抗感は、いまも基本的に変わらない。たしかにケータイは便利に「超」が付く。人類がインターネットやケータイという道具を手放すのは、なんらかの理由で衛星通信技術が使えなくなる場合だけだろう。衛星打ち上げロケットは、航空機による交通運輸と同じく温暖化と大気汚染に大きく加担してしまうし、大型ロケットの軍事利用と紙一重だ。また、ＩＴ廃棄物の輸出にともなう健康・環境被害も深刻化している。それでも個人的には、衛星通信によるコミュニケーション・ネットワークぐらい維持できる地球社会の存続を望みたい。

そのうえで、ケータイを使わない人がいる多様性にホッとする一方(電話さえかけたことのない

人が世界人口の半分いることも忘れたくない)、クレジットカードから定期券までケータイに兼用させる事態を怪しむ。リスクヘッジの癖と、そこまで携帯電話会社を儲けさせることへの憂慮が拭えないのである。移動や懐具合を含む個人情報が一元管理される社会なんて、古典的なディストピアではないか。むしろ、国家や大資本をそんなに信じきれる人の群れが危うい。

それに比べると、私の考える持続可能な世界は古典的なユートピア志向かもしれない。豊かな森か海、もしくはその両方があり、清らかな水が流れ、野生動物もたくさんいる(なかには油断すると襲われかねなかったり、人に危害を与えないまでも農作物に手を出したりするものも)。人びとは誠実で理解力と創造性に富み、地域生態系の循環から調達できる資源とエネルギーで暮らしを営み、廃棄についても循環からはみ出すことがない。

ゆえに暮らしぶりは簡素だが、地産地消を柱とする食をはじめ生活の満足度と安心度は高い。人びとは精神的にも充足・安定していて、互いをいたわり合うのびやかな時間が流れている(この小規模分散型社会では、都市の規模も控えめで、生態系に織り込まれている)。

もちろん、「ユートピア」(どこにもない場所)の語義どおり、こんな社会は限りなく見果てぬ夢に近い。内外の共産主義的共同体や一九六〇~七〇年代の自然回帰コミューンを含め、過去の試みのなかにはかなりいい線までいく実例があったとしても、攻撃的・暴力的な影響に対して脆く、変質や崩壊をまぬがれなかった。競争社会という条件下では、スローはファストになかなか勝てないのだ。

## 3　山の暮らしの可能性

私自身の半生にも、ほろ苦い変遷がある。赤ん坊のときは例外として、もっともゆったり感が優勢だったのは、インドでの瞑想遊学から北米山中での天然生活入門にまたがる、二〇代の一〇年ほどだろうか。どちらも持続可能性に関しては疑問符がつくが、後者の電気も水道もガスもない一年間の山暮らしでは、〝人力〟の限界と持続可能な社会の現実性を垣間見ることができた。

ところが、日本に帰って屋久島(鹿児島県)に定住し、それまでの学びを活かしながら農的な生活を組み立てようとすると、これが実に忙しいのである。季節の移ろいに追われる農作業を中心に、都会育ちの人間が、代々自給的な暮らしを受け継いできた地元の人たち以上に生活全般の手づくりを試みるわけだから、慣れないこともあって手間隙かかることははなはだしい。その手間隙が物珍しくて楽しめるうちはいいけれど、やがて「なんで、こんなに追いまくられなくちゃならないんだ?」と自問するときがくる。

雑誌などでオシャレな田舎暮らしを披露している実践者たちは、多かれ少なかれこうした自問自答を繰り返したすえに、それぞれの〝いい加減〟にたどりついているにちがいない。その

うえ、当然、現代に生きて自分と家族を支えるには一定の現金収入も確保しなければならない。私の場合も、なんとか自分なりのバランスを探し当てるのに五年ほどかかった（ただし、バランス点は自他の状況変化によって常に動き続けるので、綱渡りに終わりはない）。

そこへチェルノブイリ原発事故が起こる（一九八六年、旧ソ連）。死の灰の飛来に備えて、畑の野菜をすべて採り入れ、ありったけの容器に飲料水を蓄えたが、もし被害が広がったとき小さな子どもを放射能からどう守ればいいのか、底知れぬ不安に立ち尽くした。いくら身のまわりをエコロジカルに整えても、地球のどこかでこの種の事態が発生すれば、元も子もないことを痛感させられる事故だった。

## 4　減速のための使いこなし

暮らしの〝緑化〟と社会の〝緑化〟が車の両輪であり、同時進行で取り組まなくては意味がないことを肝に銘じて、反原発／脱原発を含む国内外の市民運動にあらためてかかわりはじめると、いよいよ忙しさが増していく。とはいえ、屋久島からいちいち問題の現場に出ていっては暮らしの〝緑化〟が成り立たない。最初は手紙や印刷物の交換で、次はファクスを多用して、さらにインターネットが使えるようになるとメールやメーリングリストを駆使。なるべく島に

いながら、作家・翻訳家として生活に根ざした作品を手がけながら、真に持続可能な世界をつくり出すためのさまざまな活動に参加してきた。

地元でも控えめを心がけつつ、原生林伐採、使用済み核燃料中間貯蔵施設誘致、ごみ処理などの問題をめぐり、いくつかどうしても動かずにいられない住民運動に深く関与した。そのかたわら、行政と住民の橋渡しをする環境審議会の会長も六年のあいだ任された。「半農半X」を広める友人には、「いまはAVXなんだよ」と近況報告したが、コピーには採用してくれない。農業(**Agriculture**)とボランティア(**Volunteer**)と自分なりの現金収入の道(X)が三分の一ぐらいずつという意味だ。

そしてついに、Aが消えてVとXが合体するグリーンピース・ジャパンの事務局長職を引き受けることになった。屋久島の家も農園もそのままで、気分は長い出張のつもりだが、Aが身近にないのはさびしい。ケータイのほうは、一年半たっても電源を一日中入れ忘れることがあるくらい、いまいち身につかない。

ファストな世界への問題提起や代案提示は、ファストな世界の先回りをするスピードとフットワークが求められる面もある。しかし、グリーン(持続可能)でピース(平和)な世界をめざすNGO活動のプロセスが、目的と逆行するような忙しさではおかしい。

通勤の時間とストレスをともなわない在宅勤務を積極的に評価するとか、飛行機で集まるかわりにネット上で行う国際会議の割合を増やすとか、インターネットやケータイという道具を、

加速ではなく減速のために使いこなす知恵を働かせたい。チクリと相手のツボを刺すことで、最終的に相手の健康を引き出す自称「東洋医学的なキャンペーン」の工夫とともに、今後の大きな課題である。

# 第2章

## ケータイなしでは
## 生きていけない!?

吉田 里織

## 1　車内の三割から半数がケータイを操作

四二分の一七、三三分の一〇、一二分の六。いったい何の割合だろうか。

これは、電車の一車両にいる乗客のうちで、ケータイを手に持って操作している人の割合である。私が乗ったJR山手線、地下鉄丸ノ内線、西武池袋線で数えた。

もちろん、その割合は地域や時間帯によって変わるが、ケータイを操作している人がいない車両を見つけるのはきわめてむずかしい。一昔前なら、電車内のおもな光景は、居眠り、新聞・読書、同乗者との会話だった。しかし。近年はケータイを凝視しながら手を動かしている人びとが非常に多い。それは、乳幼児も含めて日本の人口の約八一%(PHSを含む)に達した普及率を表す象徴的な光景である。

若者に限ってみれば普及率はさらに高く、高校生では九六%だ。[1] 高校では、友だち同士の交流はもちろん、教員との緊急連絡や授業に関連するメモまでもケータイで行う場合が多い。

ここでは、携帯電話がいつごろ誕生し、どう普及していったのかを見たうえで、とくに高校生を中心に若者の生活にケータイがどのように入り込んでいるのかを分析していく。もし電車内で本書を読まれている方がいたら、試しに周囲を見渡してほしい。何人がケータイを動かし

ているだろうか？

## 2　ケータイの誕生と普及

世界で最初に携帯電話が登場した国は、アメリカである。一九四六年に誕生した。ただし、最初は言葉どおりの「携帯」電話ではなく、自動車電話だ。オペレーターを呼び出してダイヤルしてもらい、スイッチを押しながら通話する。オードリー・ヘップバーンが主演した映画「麗しのサブリナ」にも登場している。

ショルダーホン（100型）。高さ19 cm、幅5.5 cm、長さ22 cm、重量約3 kg。（写真提供：NTTドコモ）。

日本では七九年に登場（やはり自動車電話）した。自動車から離れても使用できる移動電話として初めて発売されたのは八五年九月である。「ショルダーホン」という名前のとおり、本体の紐を肩にかけて使用するタイプで、本体の上部にダイヤルボタンが付いた受話器が載っていた[2]（写真参照）。連続通話時間は約四〇分、連続待受時間は約八時間で、メモリダイヤルは二〇件、リダイヤルは一件である。

図1　固定電話と移動電話の契約数の推移

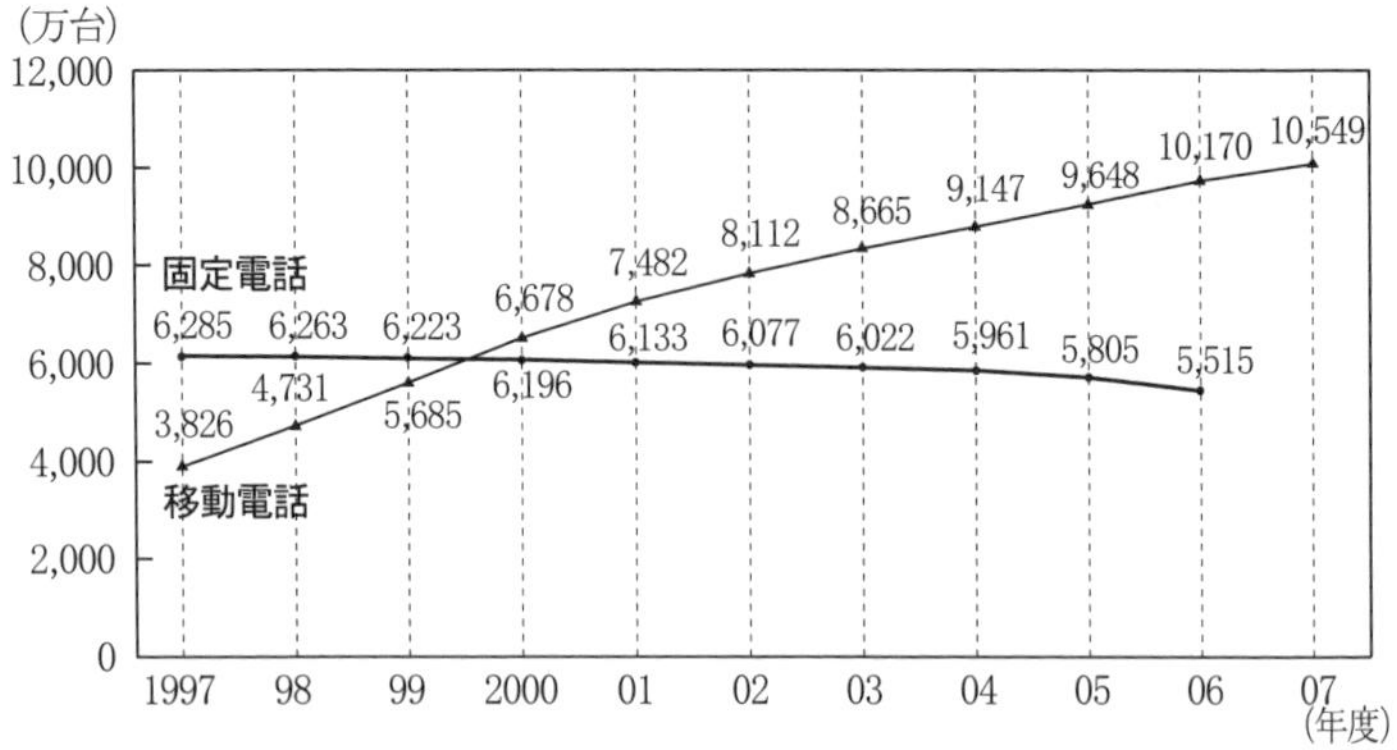


(注) 契約数は各年度末の数字である。ただし、2007 年度は 1 月末の数字。
(出典) 総務省編『情報通信白書平成 19 年版』ぎょうせい、2007 年。

それから二〇年以上たった現在、日本の携帯電話の加入契約数はどのくらいだろうか。二〇〇〇年度には移動電話(携帯電話、PHS)の契約数(六六七八万)が固定電話の契約数(六一九六万)を上回り(図1)、〇八年一月末では約一億五五〇〇万台にのぼる。この二〇年間、常に右肩上がりで契約数を伸ばしてきた(図2)。いったい、なぜ、こんなにも普及したのだろうか。その要因を探るために、三つの問題を考えていこう。

第一問。現在販売されているなかで、もっとも軽いケータイの重量は何グラムだろうか?

ケータイをお持ちの方は、手のひらに載せて、予想してほしい。正解は約八〇グラム(〇七年時点)、卵一個半ぐらいの重さである。ちなみに、ショルダーホンの重さは約三キロだ。仕事で差し迫った必要でもないかぎり、三キロもの物体を常時持ち歩きたいと思う人は少ないだろう。その後、現在のような携

図2　携帯電話の契約数の対前年伸び率の推移

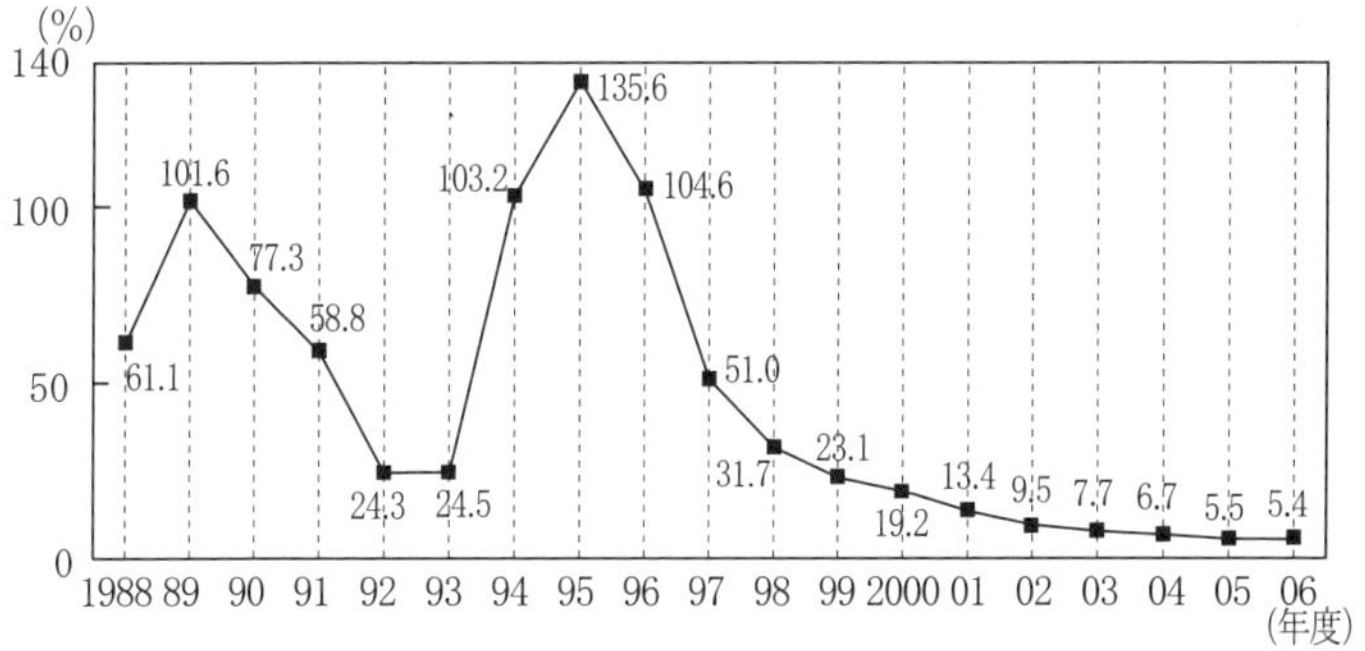


（注）携帯電話のみで、PHSは含まれていない。
（出典）図1に同じ。ただし、06年度は電気通信事業者協会のデータ。

帯電話サービスが開始された八七年には約九〇〇グラム、九一年発売のムーバは約二二〇グラムまで軽くなり、それとともに契約数も急増していく。

「より軽く」「よりコンパクトに」という消費者のニーズのもと、ケータイは年々軽量化していった。文字どおり「携帯する」にふさわしい軽さになったこと、つまり軽量化がケータイ普及の第一の要因と言える。

第二問。電話の用途はもちろん通話だが、ケータイの機能は通話以外に何があるだろうか？

メール、カメラ、財布、ゲーム、メモ帳、目覚まし時計、インターネット接続など、固定電話とは比べられない多機能を兼ね備え、さらに増え続けている。ケータイはもはや電話機の域を超え、生活上の多様なツールをコンパクトに集約したモノとなっているのだ。この多機能化こそが、ケータイ普及の第二の要因である。

第三問。あなたは、ケータイをいくらで買っただろうか？

店頭価格はさまざまだが、〇円で売られている場合がよくある。実際、高校生に尋ねたところ、〇円で購入した生徒が多い。では、なぜケータイはそんなに安く買えるのだろうか？

①利用者が非常に多いから。

②販売奨励金制度があるから。

③部品製造や組み立てを賃金の安いアジアの発展途上国などで行なっているから。

正解は、実はすべてである。

利用者の多さは前述したとおりだ。販売奨励金は「インセンティブ」とも言われ、携帯電話会社（通信事業者）が販売店に対し、新規販売一台につき四万円程度を渡す制度である。その分、月々の通信料は割高に設定されており、携帯電話会社は一度契約を取れば二年ほどで十分に元が取れる仕組みとなっている。ただし、契約数が人口の七八％にまで達したいま、販売奨励金を減額または撤廃し、代わりに通信料を安くする方向が検討されている。ケータイに限らず多くの工業製品の部品製造や組み立てが途上国で行われているのは、周知のとおりである。人件費が日本よりはるかに低く、設備投資の費用も安いからだ。

この結果、高校生でも購入できるような安い価格が実現されている。最初に登場した自動車電話の諸費用は、保証金が二〇万円、基本使用料金が一カ月三万円、通話料が六・五秒で一〇円であった。これでは、高校生はもとよりおとなでも手軽に買うことはできない。すべての世代にとって手頃な値段になった、つまり低価格化が、ケータイ普及の第三の要因である。

こうして、家族の共有物であった電話は、各個人の所有物となっていく。

## 3　高校生のケータイ事情を徹底解剖

二〇～六〇代を対象に二〇〇七年に行われた愛知県の消費生活モニターの調査結果[3]（以下「モニター調査A」という）では、若い世代ほどケータイの所持率が高い。二〇代が八六・四％、三〇～四〇代が約七五％である。また、内閣府の調査結果[4]では、高校生の九六％が使用し、中学生は約六割、小学生も約三割が使っている。そこで、もっとも普及率の高い高校生の生活にケータイがどう深く入り込んでいるのかをより詳しく知るため、筆者が高校生を対象に行なったアンケート調査の結果を、他調査結果と比較しながら見ていくことにしよう。

アンケートは二〇〇七年に埼玉県の公立高校（一年生・二年生・三年生対象）と私立高校（三年生対象）各一校で行なった。調査対象数は二二〇名、有効回答数は一七九名で、内訳は**表1**のとおりである。公立校は学力的には低く、複雑な家庭環境だったり親の経済的状況が厳しかったりする生徒も多

**表1　アンケートの有効回答者の内訳**

| 公・私立／男女 | 生徒数 |
|---|---|
| 私立3年女 | 24名 |
| 私立3年男 | 10名 |
| 公立3年女 | 23名 |
| 公立3年男 | 11名 |
| 公立2年女 | 26名 |
| 公立2年男 | 20名 |
| 公立1年女 | 35名 |
| 公立1年男 | 30名 |

い。一方、私立校は学力的には中の上で、進学に力を入れている。

### 持っている割合と台数

「持っている」が九七・二%で、全員が持っているクラスが多い（図3）。持っていない生徒に理由を尋ねたところ、一名だけが「必要性・魅力を感じない」と回答した。だが、そのほかは「親に持ちすぎだと言われ、取り上げられた」「まだ早いと言われ、解約された」など、以前に利用経験がある生徒が多い。一時的に保護者から利用を制約されているものの、「今後ケータイを利用したいか」に「はい」と答えているから、今後利用する可能性は非常に高い。

持っている生徒に何台利用しているかを尋ねると、一台が九二・〇%で、二台、三台はそれぞれ七・四%、〇・六%だった（図4）。二台以上利用している生徒に使い分け方を尋ねたところ、「電話専用とメール専用」「無料サービスの通話と普通の通話」「長電話用と普通の利用」「恋人用と友だち用」などである。利用しあう相手とその頻度により、格安の料金サービスを活用しながら、使い分けているようだ。

### 利用し始めた時期

モニター調査Aによると、一九九八～二〇〇〇年が四二・六%ともっとも多く、約七割（六九・九%）が九八年以降に利用し始めている。アンケートでは、ケータイを利用し始めた年齢を尋

図3　ケータイの所持割合

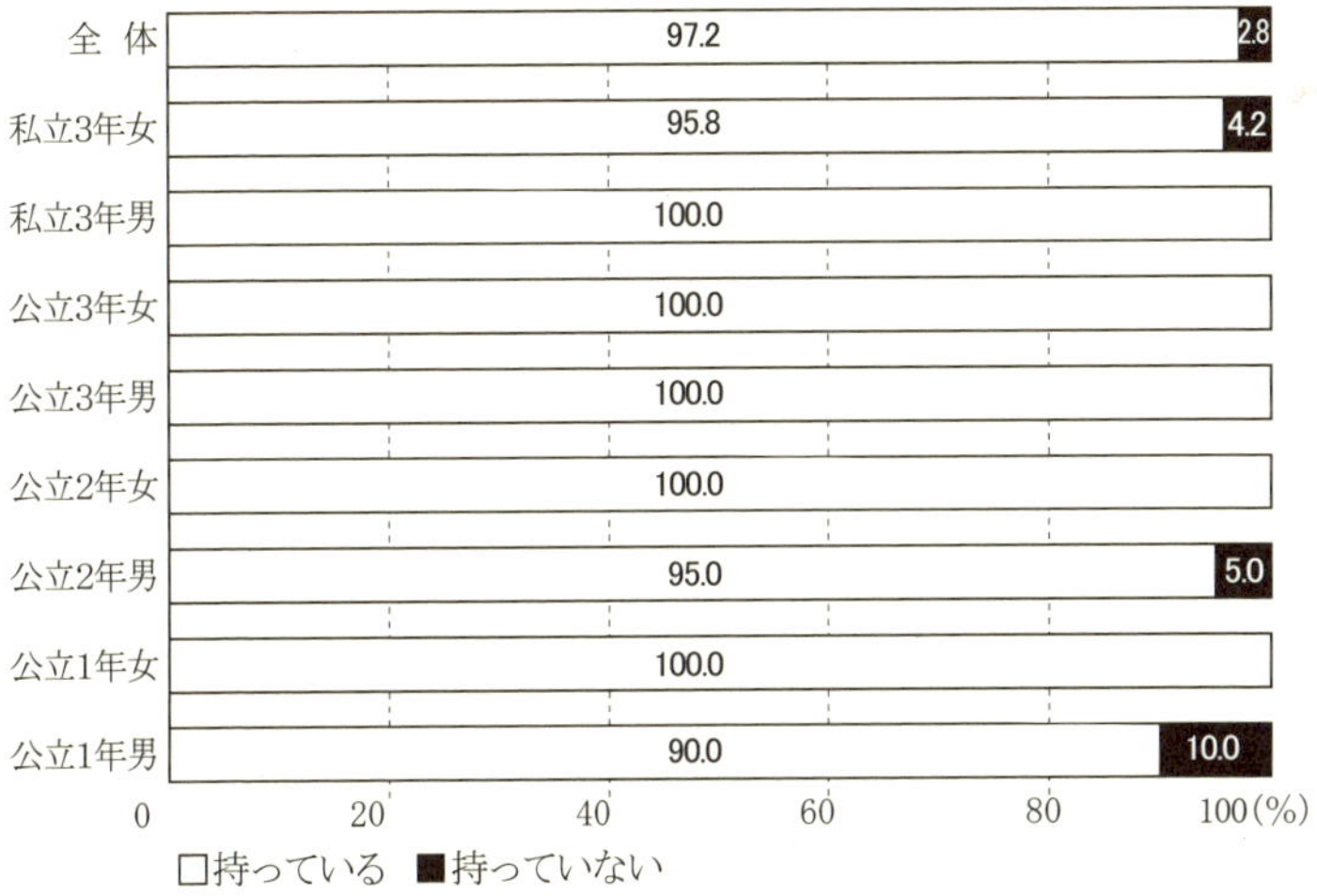


図4　利用しているケータイの台数

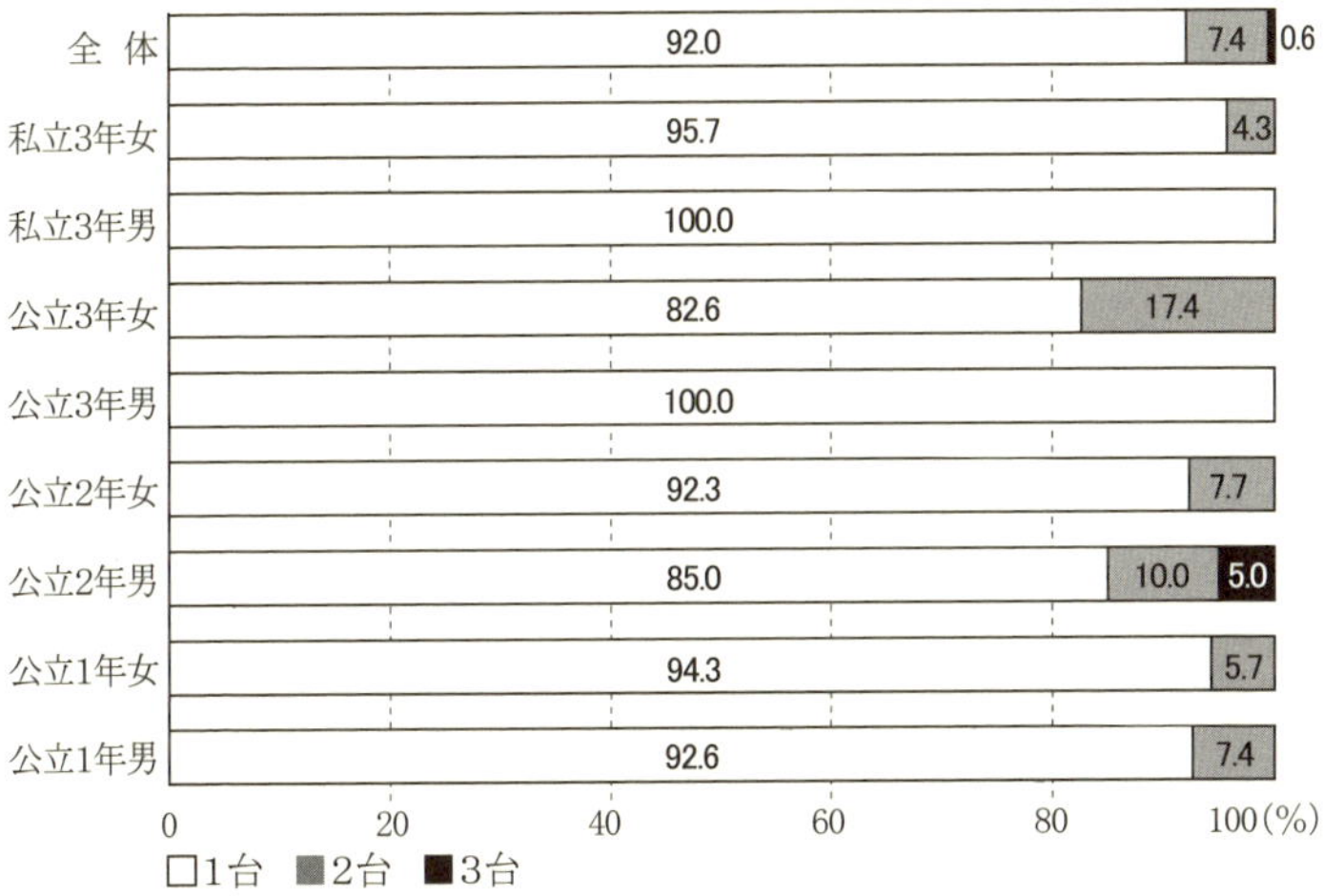

図5　ケータイを利用し始めた年齢

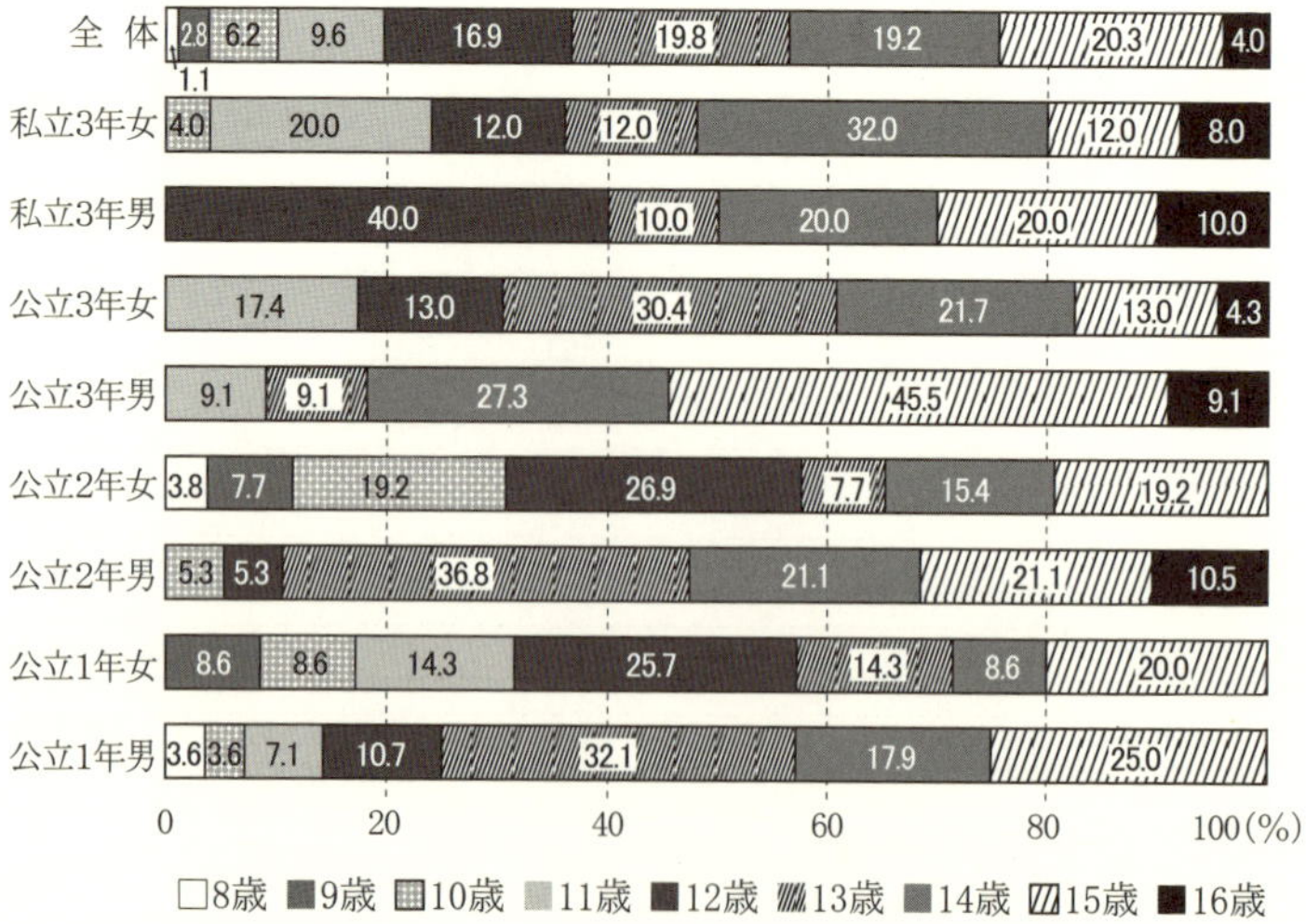


図6　いま利用しているケータイのメーカー名

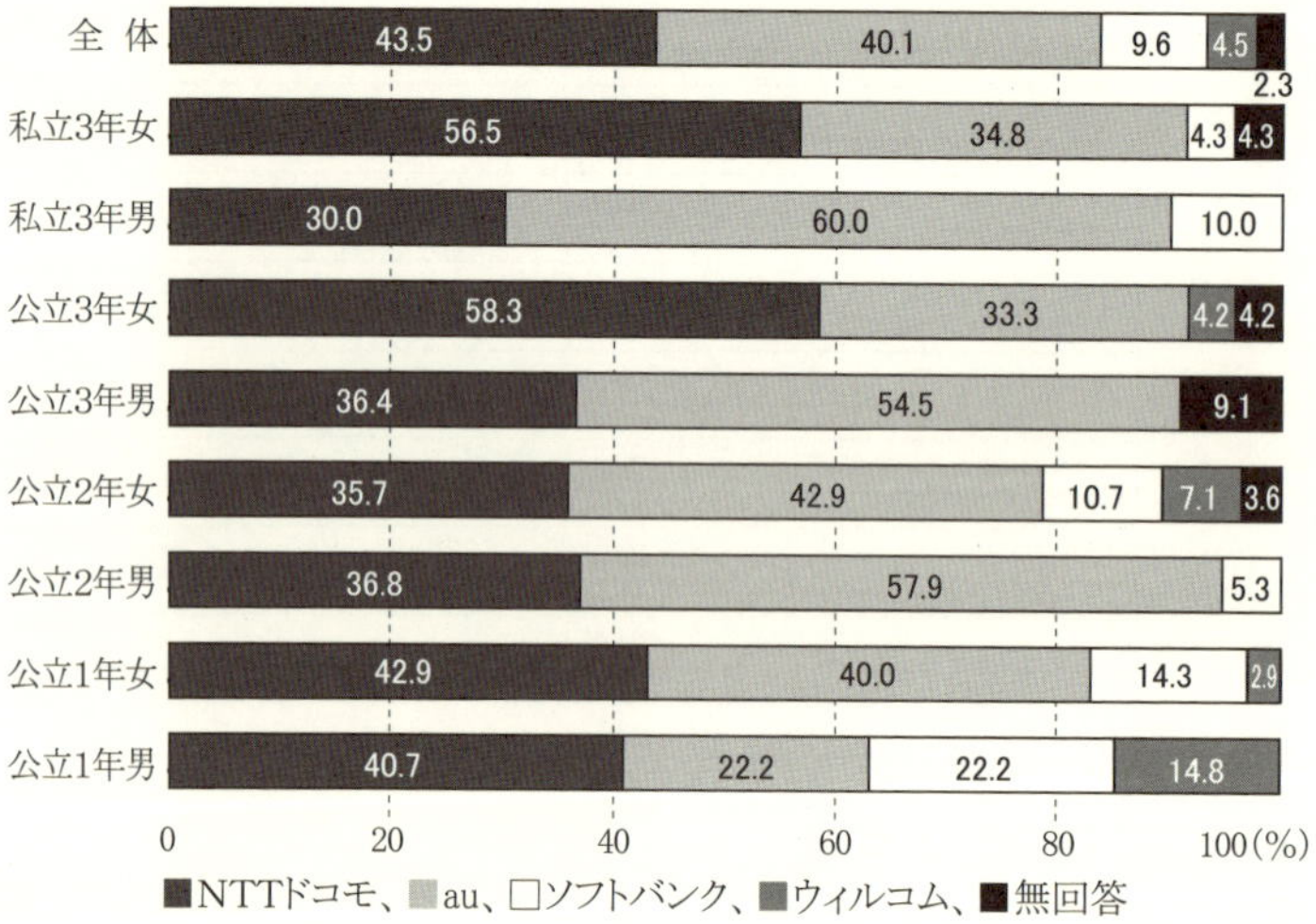

ねた(図5)。全体では一五歳が二〇・三%ともっとも多く、中学卒業を機に利用し始めるケースが多いようだ。また、下の学年ほど利用開始年齢が早くなり、一年生では八〜九歳(小学三年生)という回答もある。これは、モニター調査Aの「世代別に見ると、若い世代ほど早い時期から所持している傾向にあった」の分析を裏付けている。

### どのメーカーを利用しているか

二〇〜三〇代をおもな対象とした調査(イプシ・マーケティング研究所[5]、以下「モニター調査B」という)では、NTTドコモが四八・九%と半数近くにのぼり、ソフトバンク(調査時はボーダフォン)二二・九%、au一九・八%と続く。アンケートでは、NTTドコモが四三・五%、auが四〇・一%で、ソフトバンクは九・六%と少なかった(図6)。

モニター調査Bによると、年齢別ではNTTドコモは二五〜二九歳の層で比率がもっとも高く、auは一九歳以下、ソフトバンクは四〇〜四九歳の層で多いという。アンケートの結果を見ても、NTTドコモとauが若い世代の二大利用電話会社と言える。

### 購入する際の選択理由

「デザインが気に入った」(六五・七%)、「画面が見やすい・操作性がよいなど使いやすさ」(四八・六%)、「最新機種」(二九・一%)が上位を占め、男女ともに共通している(図7)。若者たち

図7　ケータイのおもな選択理由(複数回答)

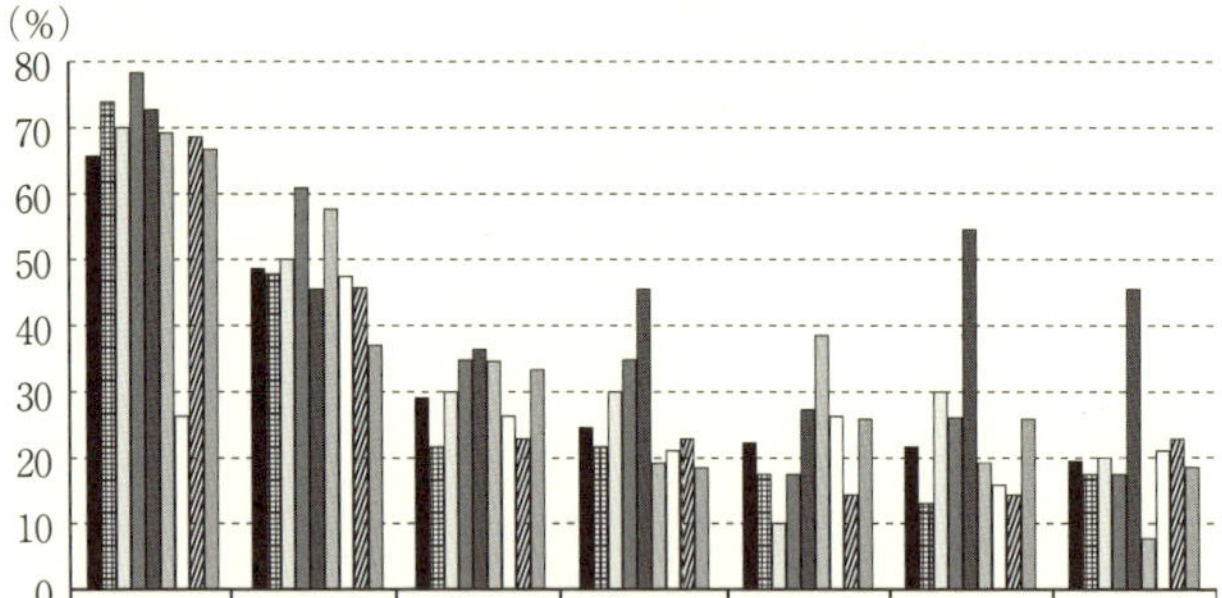


| | デザインが気に入った | 画面の見やすさなど使いやすさ | 最新機種 | 家族割引や自宅割引などがあった | 端末の価格が手頃だった | 料金プランがよい | 付属機能に魅力を感じる |
|---|---|---|---|---|---|---|---|
| 全体 | 65.7 | 48.6 | 29.1 | 24.6 | 22.3 | 21.7 | 19.4 |
| 私立3年女 | 73.9 | 47.8 | 21.7 | 21.7 | 17.4 | 13.0 | 17.4 |
| 私立3年男 | 70.0 | 50.0 | 30.0 | 30.0 | 10.0 | 30.0 | 20.0 |
| 公立3年女 | 78.3 | 60.9 | 34.8 | 34.8 | 17.4 | 26.1 | 17.4 |
| 公立3年男 | 72.7 | 45.5 | 36.4 | 45.5 | 27.3 | 54.5 | 45.5 |
| 公立2年女 | 69.2 | 57.7 | 34.6 | 19.2 | 38.5 | 19.2 | 7.7 |
| 公立2年男 | 26.3 | 47.4 | 26.3 | 21.1 | 26.3 | 15.8 | 21.1 |
| 公立1年女 | 68.6 | 45.7 | 22.9 | 22.9 | 14.3 | 14.3 | 22.9 |
| 公立1年男 | 66.7 | 37.0 | 33.3 | 18.5 | 25.9 | 25.9 | 18.5 |

がケータイを選ぶとき、機能以上にデザインを重視し、単なる道具としてではなくファッションの一部として身につけている様子が浮かび上がる。

## いくらで買ったのか

選択理由には「端末の価格が手頃だったから」という回答も少なからずある(二二・三%)。そこで、いま利用している機種をいくらで購入したか尋ねたところ、〇円が一六・〇%ともっとも多い一方で、一～二万円未満が一四・三%、二～三万円未満と五〇〇〇～八〇〇〇円未満が七・四%と続く(図8)。

また、全体の三二・〇%が「忘れ

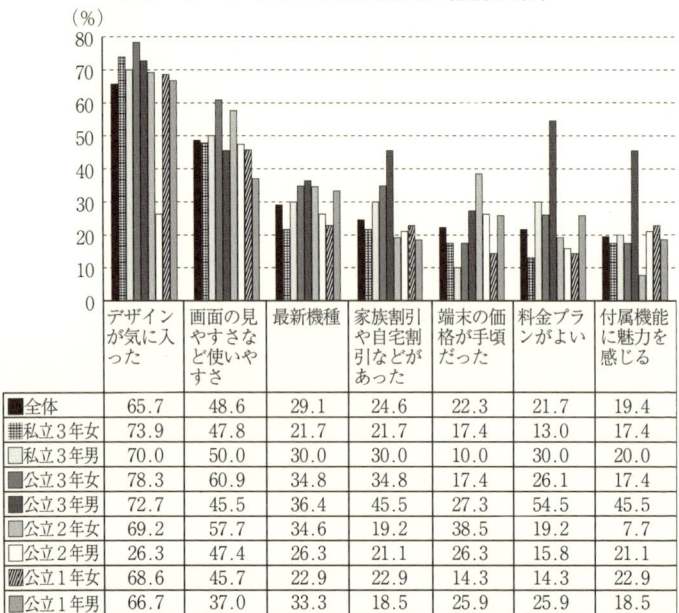

図8　ケータイの購入価格

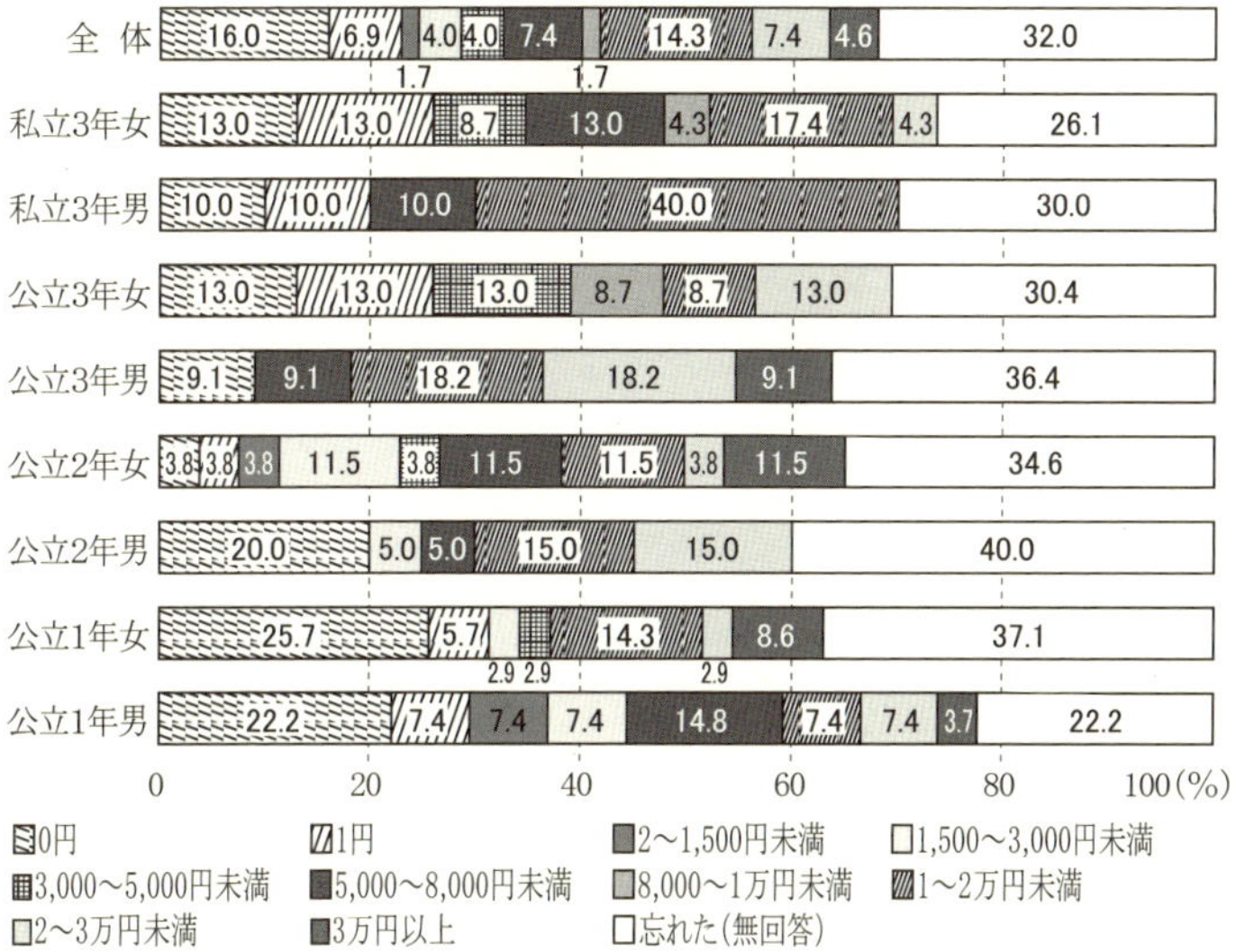


た(無回答)」と回答している。低価格への要求がある一方で、自己の消費行動への認識の低さもうかがえ、興味深い。

### 一カ月あたりの平均利用料金

利用料金(基本料金＋通話料金)の平均について、モニター調査Bでは、三〇〇〇〜五〇〇〇円未満がもっとも多く三五・八％、ついで五〇〇〇〜八〇〇〇円未満が二四・五％となっている。一方アンケートでは、八〇〇〇〜一万円未満がもっとも多く三一・七％、ついで一〜二万円未満が二六・一％で(図9)、同調査よりもはるかに高い。「年齢層が低いほど平均利用月額が高くなる傾向がある」という同調査の分析と合致している。

そうした高額な料金の支払い者について

図９　ケータイの１カ月あたり平均利用料金

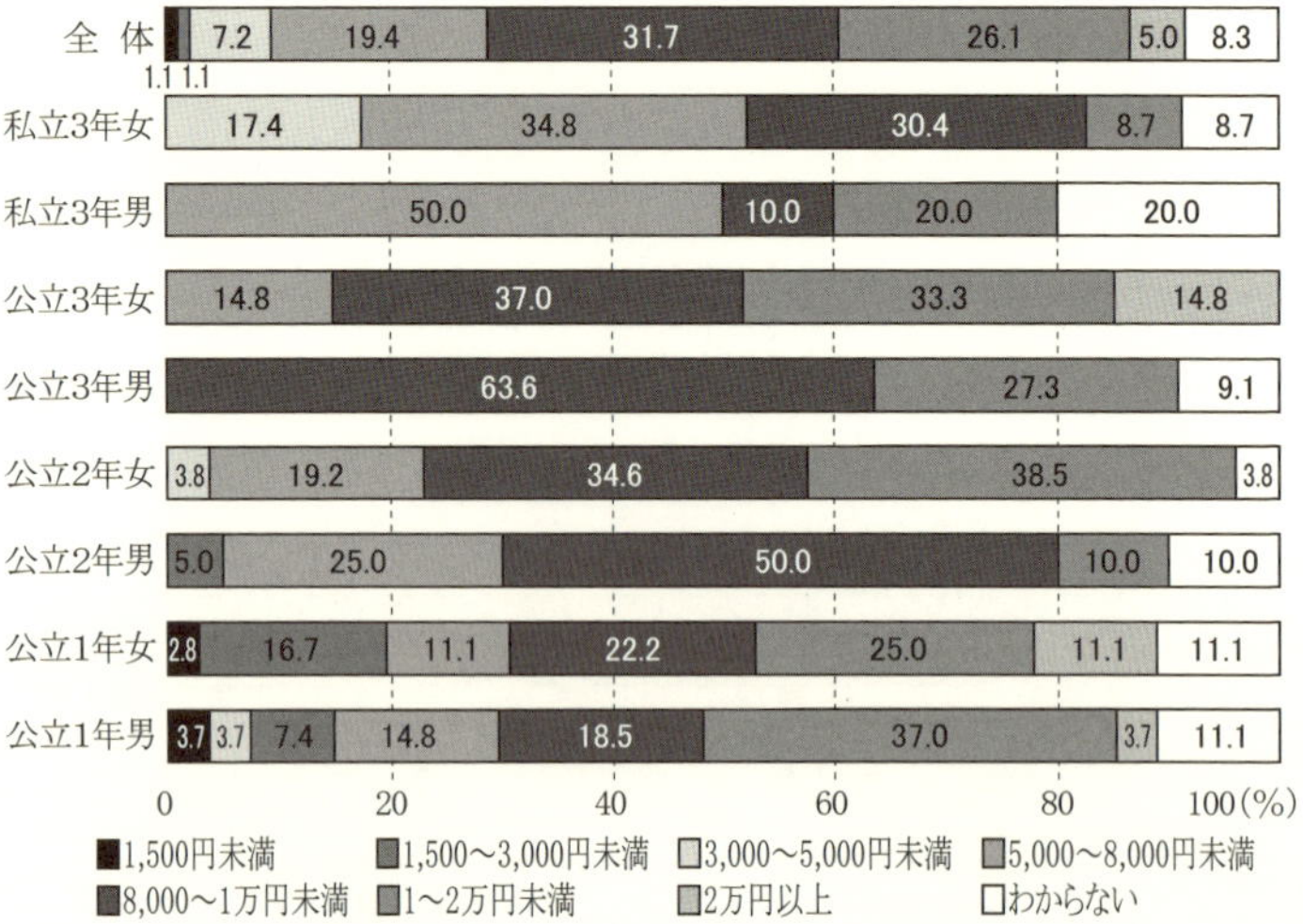


図10　ケータイの平均一日利用時間

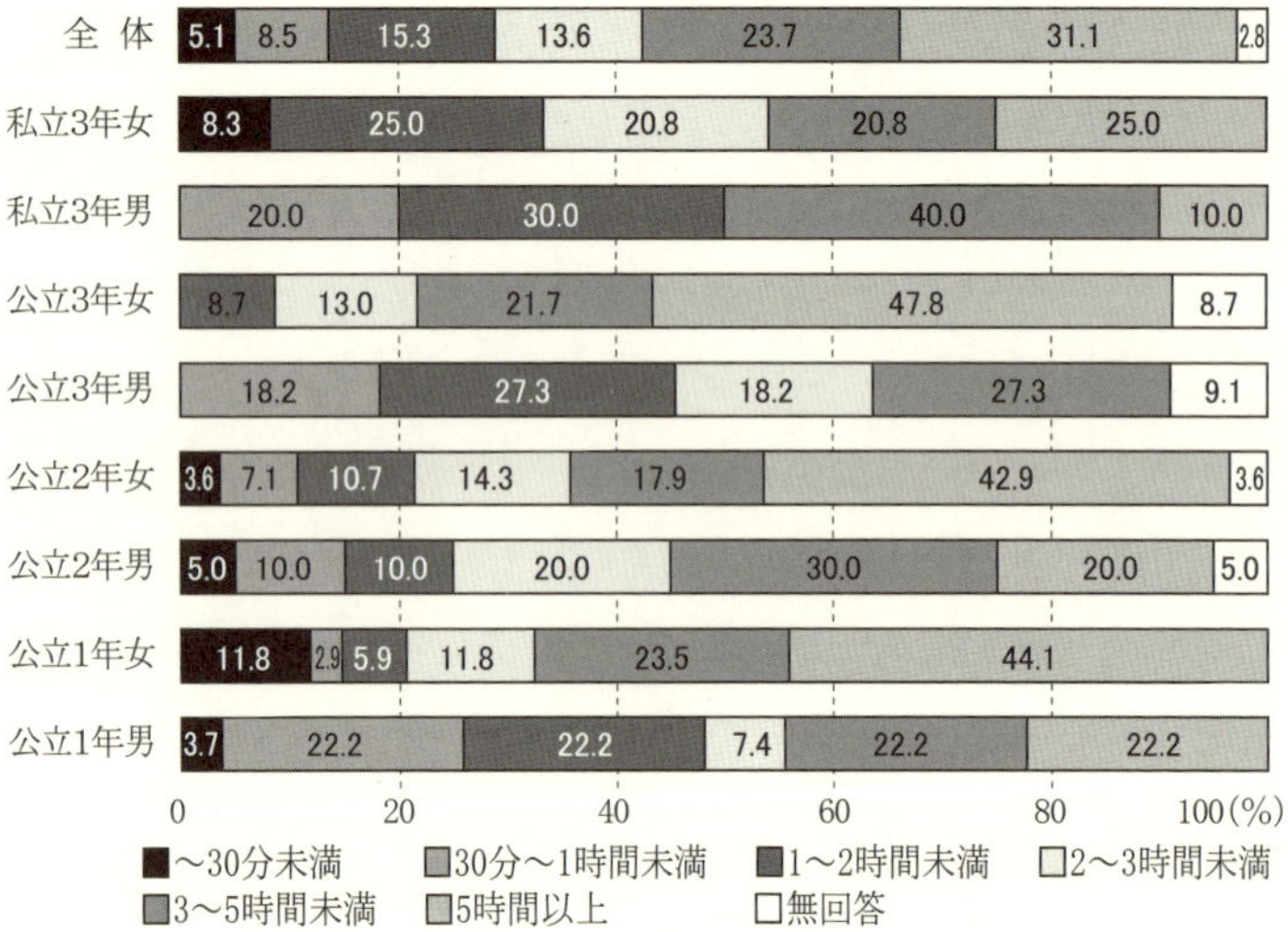

口頭で質問したところ、アルバイト料などから自分で支払っている生徒がいる一方で、親に支払ってもらっている生徒ももほぼ同数いた。

## 一日の平均利用時間

五時間以上が三一・一％、次いで三～五時間未満が二三・七％であり（図10）、モニター調査Bの「全体の九割以上が平均一時間未満」に比べて、はるかに長い。さらにモニター調査Aの「二〇代の平均：二四・四分、六〇代以上の平均：一〇・五分」からも、年齢層が低いほど平均利用時間が長いことがうかがえる。

なかには、「二四時間常に使っている」「いつでも」という回答もあった。もちろん、文字どおりそうではないにせよ、感覚としては常に頭のどこかでケータイが気になっているという心境なのだろう。また、男女別で見ると、「五時間以上」の合計は、男子が一三・一％なのに対して、女子は四〇・〇％であり、女子のほうがより利用時間が大幅に長い。

## 一日の平均受発信回数

通話は五回以下の合計が七六・三％なのに対して（図11）、メールでは二一回以上が五五・七％と（図12）、メールの回数が通話に比べ圧倒的に多い。ケータイ利用はメール中心であることがはっきりしている。男女別では、女子のほうが男子よりメールの受発信数が多い。

図 11　ケータイの一日平均通話数(受信・発信)

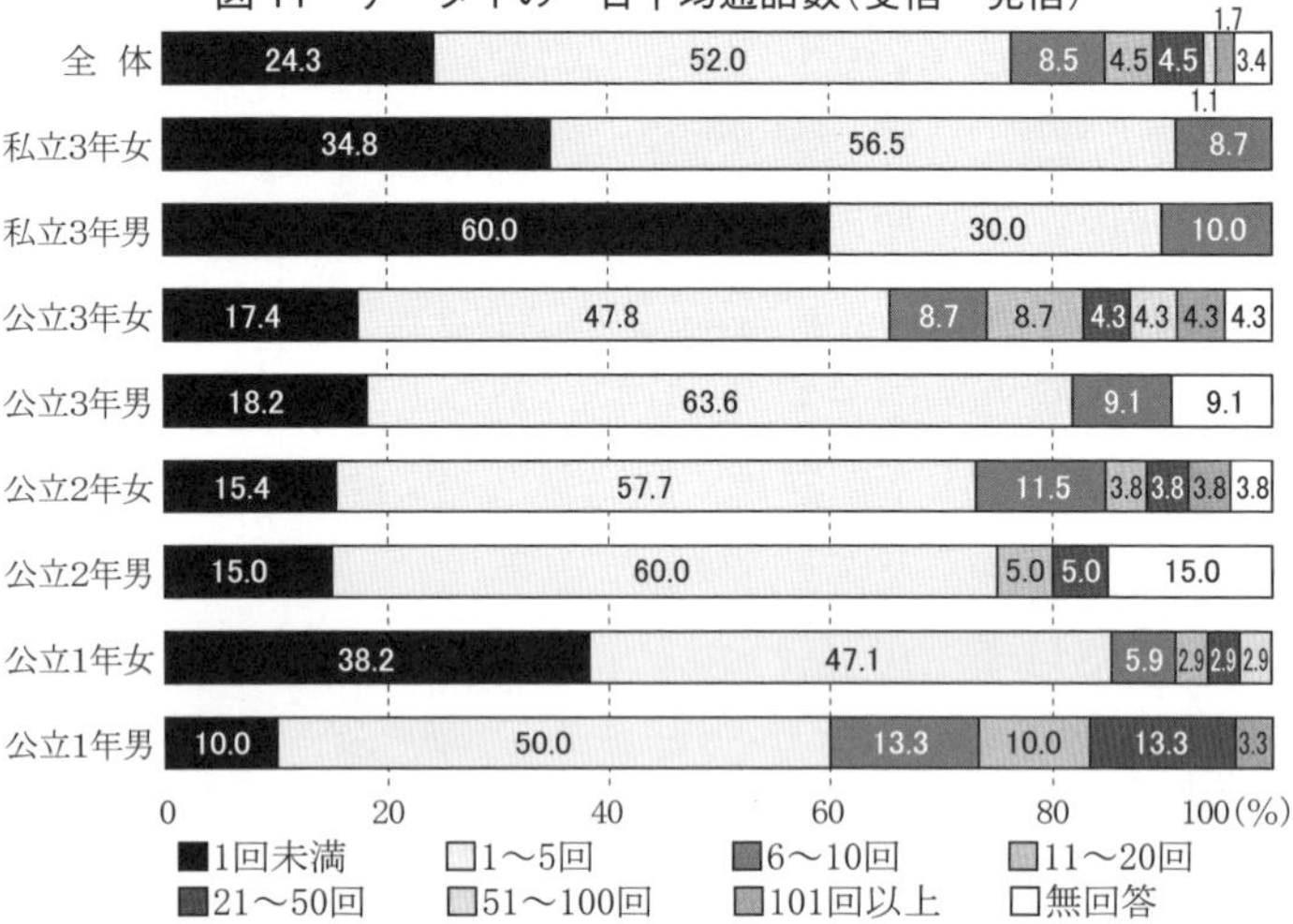


図 12　ケータイの一日平均メール数(受信・発信)

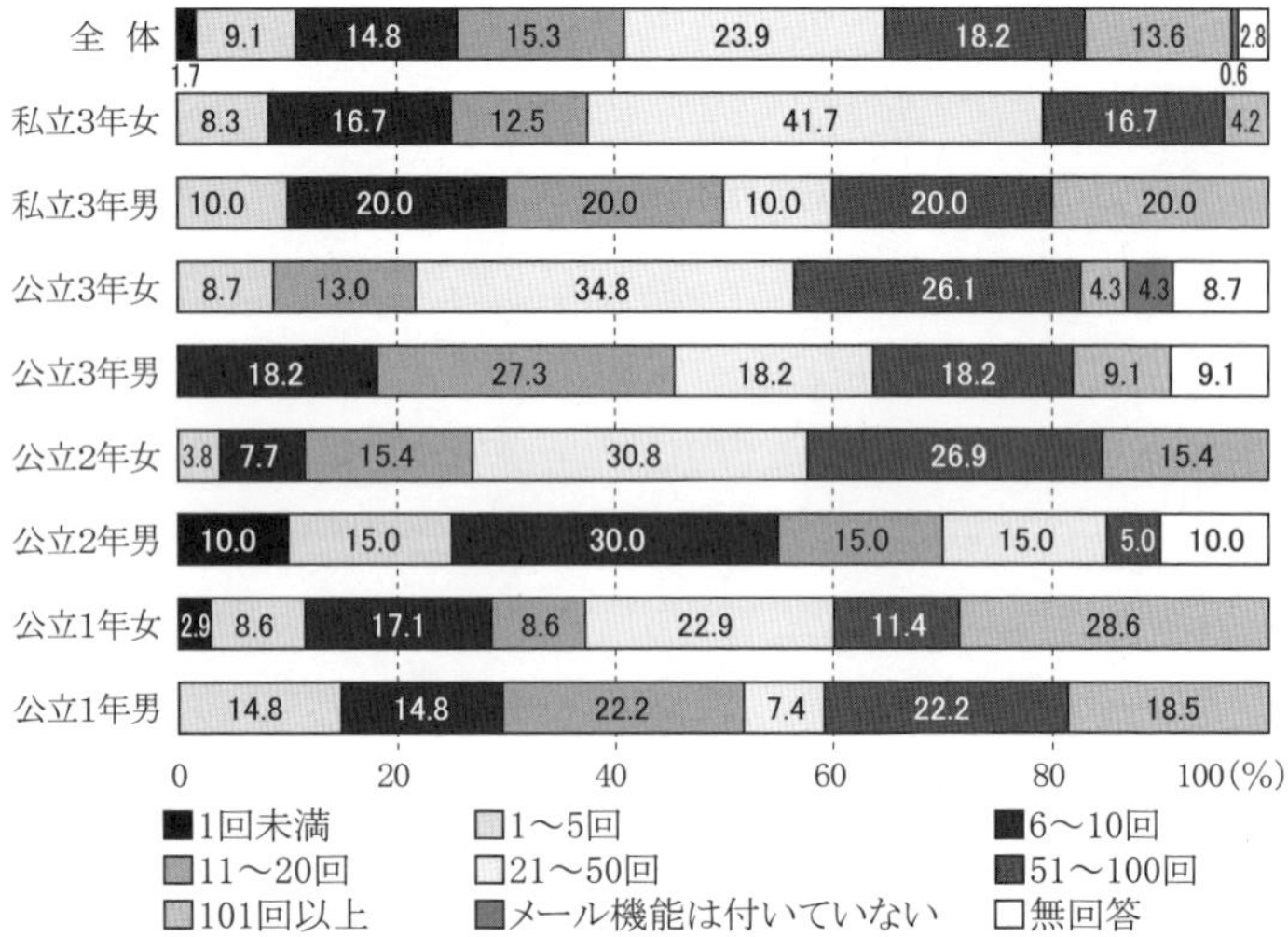

### 図13　ケータイに付属している電話以外の機能(複数選択)

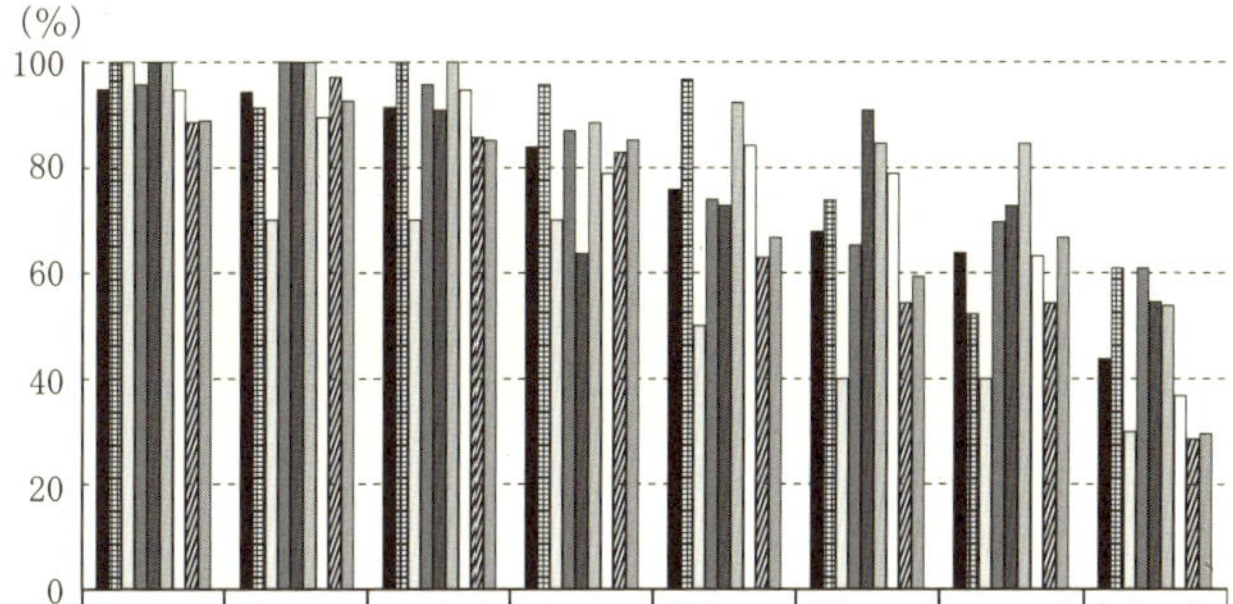


| | eメール | カメラ | ムービー撮影、再生、閲覧、ダウンロードなど | インターネット | 動画メール送信 | 外部メモリカードに画像などを保存・再生 | Javaアプリケーション* | 各社の独自の機能 |
|---|---|---|---|---|---|---|---|---|
| 全体 | 94.8 | 94.3 | 91.4 | 83.9 | 75.9 | 67.8 | 63.8 | 43.7 |
| 私立3年女 | 100.0 | 91.3 | 100.0 | 95.7 | 95.7 | 73.9 | 52.2 | 60.9 |
| 私立3年男 | 100.0 | 70.0 | 70.0 | 70.0 | 50.0 | 40.0 | 40.0 | 30.0 |
| 公立3年女 | 95.7 | 100.0 | 95.7 | 87.0 | 73.9 | 65.2 | 69.6 | 60.9 |
| 公立3年男 | 100.0 | 100.0 | 90.9 | 63.6 | 72.7 | 90.9 | 72.7 | 54.5 |
| 公立2年女 | 100.0 | 100.0 | 100.0 | 88.5 | 92.3 | 84.6 | 84.6 | 53.8 |
| 公立2年男 | 94.7 | 89.5 | 94.7 | 78.9 | 84.2 | 78.9 | 63.2 | 36.8 |
| 公立1年女 | 88.6 | 97.1 | 85.7 | 82.9 | 62.9 | 54.3 | 54.3 | 28.6 |
| 公立1年男 | 88.9 | 92.6 | 85.2 | 85.2 | 66.7 | 59.3 | 66.7 | 29.6 |

(注)＊はコンピュータのさまざまな機能が使える。

## 電話以外の利用機能と利用頻度

ケータイに付属している電話以外の機能は、eメール(九四・八%)、カメラ(九四・三%)、ムービー(九一・四%)が九割を超え、続いてインターネットが八三・九%である(図13)。「eメール八五・九%、インターネット八三・五%が八割を超えている」(モニター調査B)に比べて、ムービーがとくに高いほか、他の機能の保有率も高い。同調査の「若年層ほど、さまざまな機能に対応したケータイを利用している人が多い」という分析と合致している。

こうした付属機能のうち、もっ

図14　よく利用するケータイの付属機能（上位２つ）

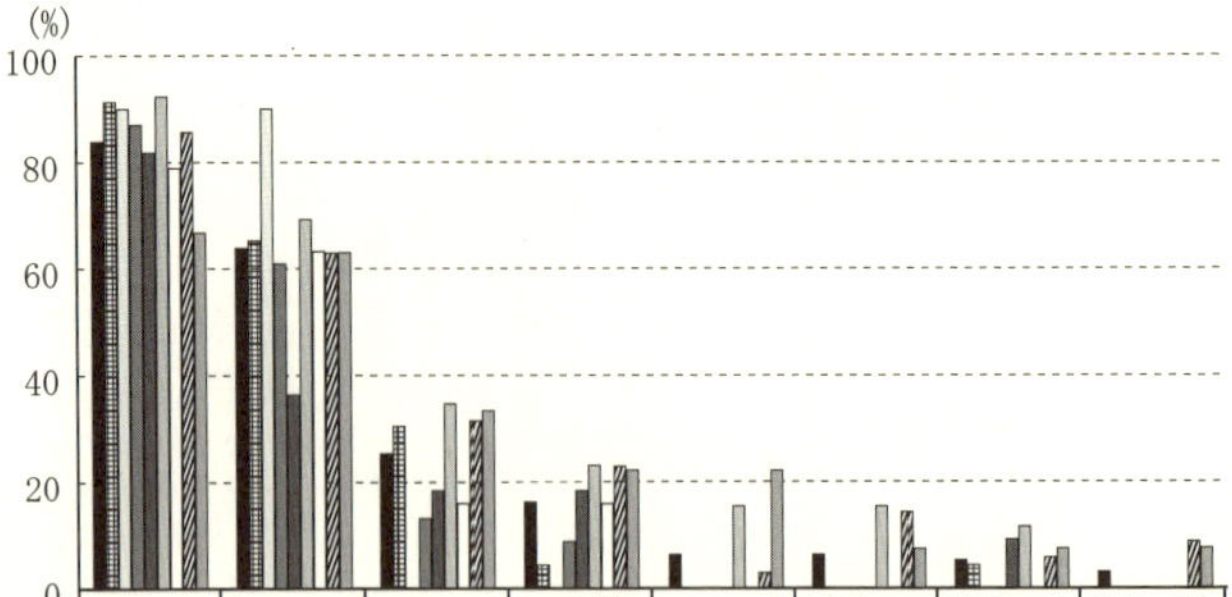


| | eメール | インターネット | カメラ | ムービー撮影、再生、閲覧、ダウンロードなど | Javaアプリケーション | 動画メール送信 | 外部メモリーカードに画像などを保存・再生 | 各社の独自の機能 |
|---|---|---|---|---|---|---|---|---|
| ■全体 | 83.9 | 63.8 | 25.3 | 16.1 | 6.3 | 6.3 | 5.2 | 2.9 |
| 私立3年女 | 91.3 | 65.2 | 30.4 | 4.3 | 0.0 | 0.0 | 4.3 | 0.0 |
| □私立3年男 | 90.0 | 90.0 | 0.0 | 0.0 | 0.0 | 0.0 | 0.0 | 0.0 |
| 公立3年女 | 87.0 | 60.9 | 13.0 | 8.7 | 0.0 | 0.0 | 0.0 | 0.0 |
| 公立3年男 | 81.8 | 36.4 | 18.2 | 18.2 | 0.0 | 0.0 | 9.1 | 0.0 |
| 公立2年女 | 92.3 | 69.2 | 34.6 | 23.1 | 15.4 | 15.4 | 11.5 | 0.0 |
| □公立2年男 | 78.9 | 63.2 | 15.8 | 15.8 | 0.0 | 0.0 | 0.0 | 0.0 |
| 公立1年女 | 85.7 | 62.9 | 31.4 | 22.9 | 2.9 | 14.3 | 5.7 | 8.6 |
| 公立1年男 | 66.7 | 63.0 | 33.3 | 22.2 | 22.2 | 7.4 | 7.4 | 7.4 |

ともよく利用するものを二つ選んでもらったところ、eメール八三・九%、インターネット六三・八%、カメラ二五・三%となった（図14）。内閣府の調査結果でも、高校生の九八・七%がケータイでメールを利用している。また、情報サイトにアクセスして行うことでは、「ホームページやブログを見る」がもっとも多く六八・一%、ついで「友人の掲示板を見る」が二九・八%である。

**買い換え期間と買い換えたい理由**

利用しているケータイが二台目以降の人に、新しいケータイを買うまでの期間を尋ねたところ、七五・三%が一年半未満だった（図15）。

図15　ケータイの買い換え期間

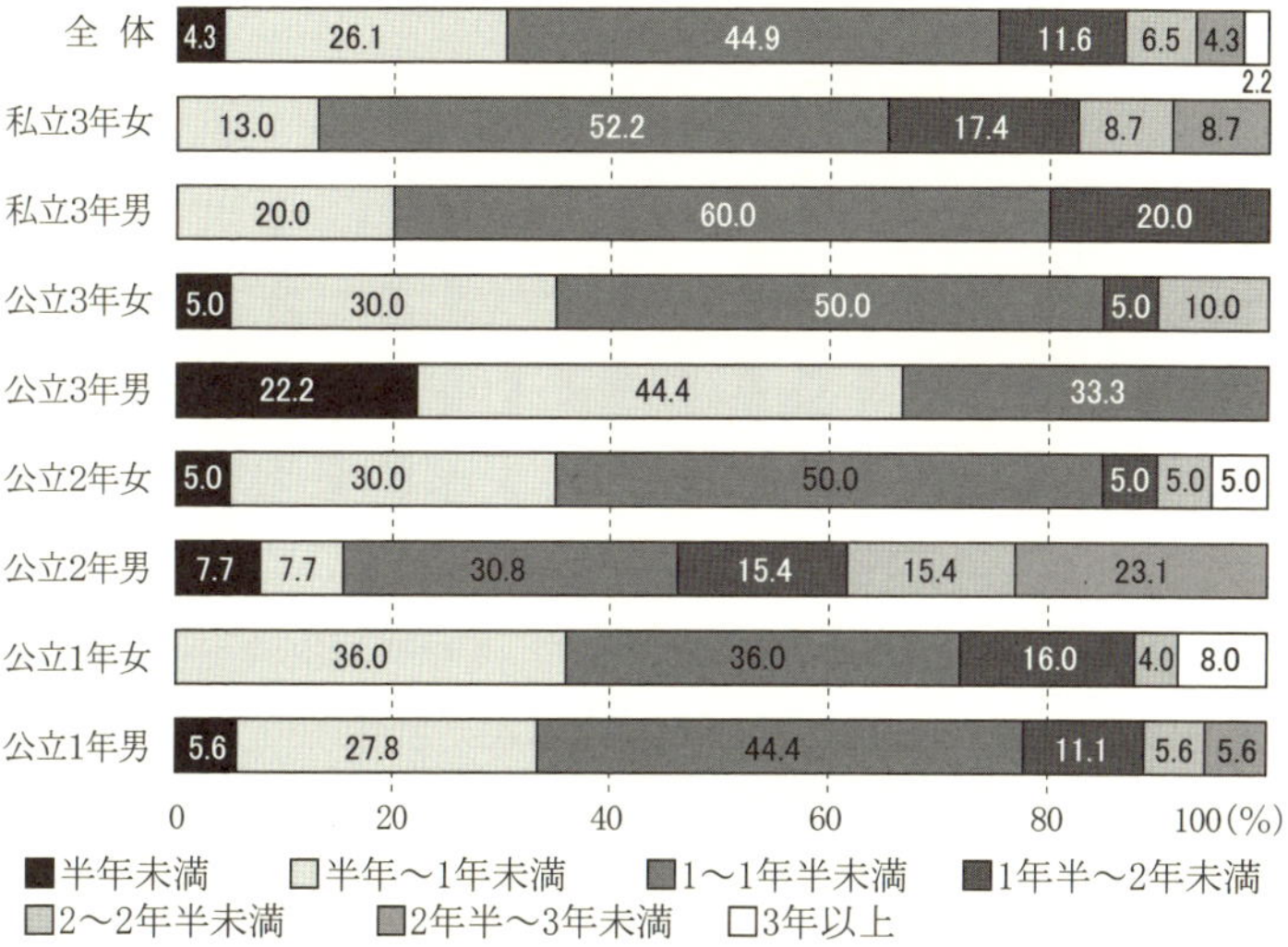


図16　ケータイの買い換え意向

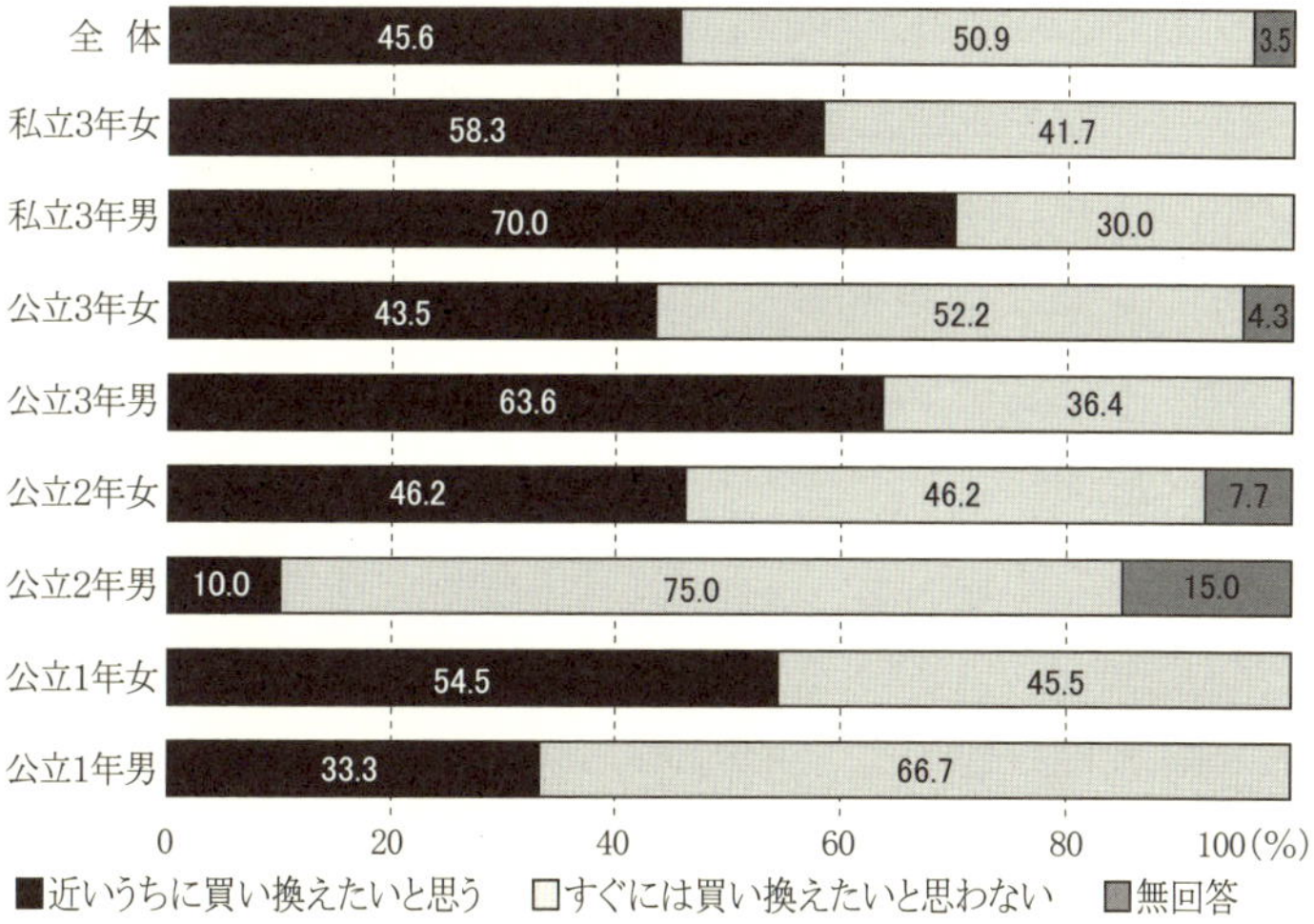

図17　ケータイを買い換えたい理由（複数回答）

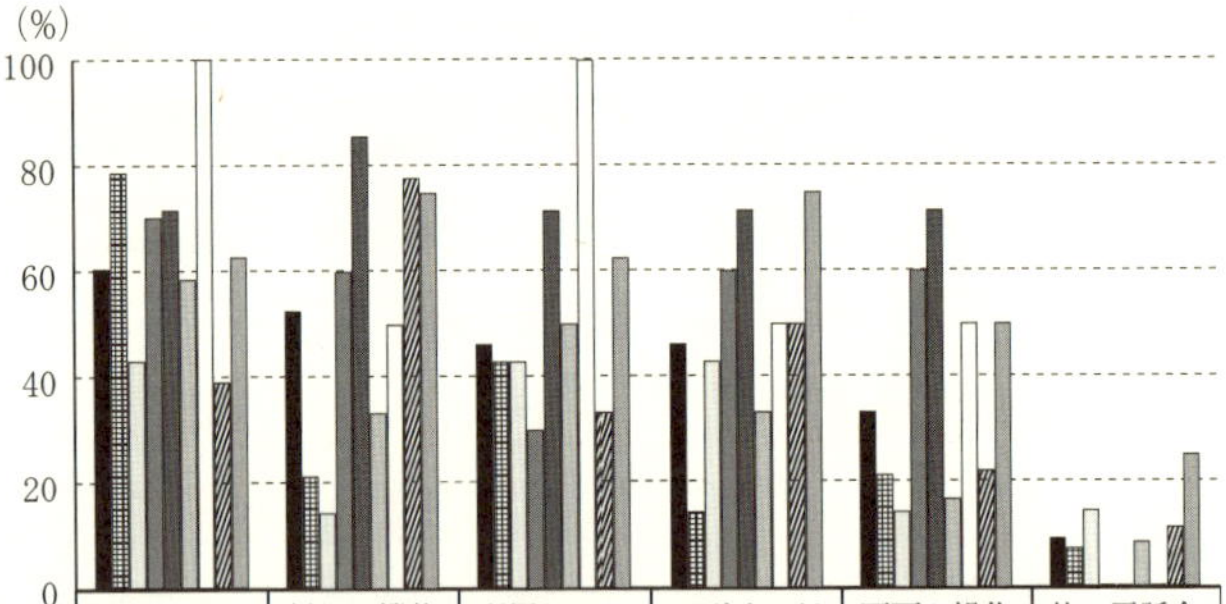


| | 利用している端末が古くなった | 新しい機能が付いた機種がほしい | 利用している機種より上の機種が最近発売された | デザインが気に入っている機種がある | 画面や操作のよさなどが気に入っている | 他の電話会社のサービスを利用したい |
|---|---|---|---|---|---|---|
| ■全体 | 60.3 | 52.6 | 46.2 | 46.2 | 33.3 | 9.0 |
| ▦私立3年女 | 78.6 | 21.4 | 42.9 | 14.3 | 21.4 | 7.1 |
| □私立3年男 | 42.9 | 14.3 | 42.9 | 42.9 | 14.3 | 14.3 |
| ■公立3年女 | 70.0 | 60.0 | 30.0 | 60.0 | 60.0 | 0.0 |
| ■公立3年男 | 71.4 | 85.7 | 71.4 | 71.4 | 71.4 | 0.0 |
| ■公立2年女 | 58.3 | 33.3 | 50.0 | 33.3 | 16.7 | 8.3 |
| □公立2年男 | 100.0 | 50.0 | 100.0 | 50.0 | 50.0 | 0.0 |
| ▨公立1年女 | 38.9 | 77.8 | 33.3 | 50.0 | 22.2 | 11.1 |
| ■公立1年男 | 62.5 | 75.0 | 62.5 | 75.0 | 50.0 | 25.0 |

また、利用しているケータイを買い換えたいかについては、「近いうちに買い換えたいと思う」が四五・六％、「すぐに買い換えたいと思わない」が五〇・九％だ（図16）。性別の差は学年によってはあるが、全体ではほとんどない。

モニター調査Bによると、全世代では「近いうちに買い換えたい」三五・〇％、「すぐに買い換えたいと思わない」六三・七％、一九歳以下ではそれぞれ四五・三％、五四・〇％である。両者の結果からも、年齢層が低いほど買い換え意向が強いことがうかがえる。

買い換えたい理由の上位三位は、「利用している端末が古くなったか

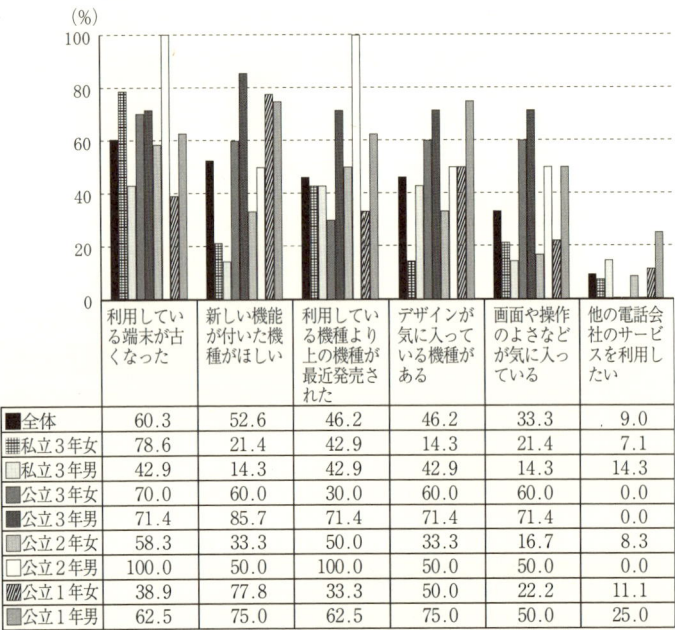

ら」六〇・三％、「新しい機能が付いた機種がほしいから」五二・六％、「利用している機種より上の機種が最近発売されたから」「デザインが気に入っている機種があるから」四六・二％である(図17)。そのほか、「飽きた」(六・四％)、「なんとなく」(一・三％)という回答もあった。使えなくなったからではなく、「より新しいものを」という意識から、また積極的な理由ではなく、周囲の友人や宣伝などによって雰囲気に流されながら、買い換えている姿が浮かび上がる。

## ケータイの魅力

ケータイを利用していて「よかったなあ」と思うことを聞いたところ、もっとも多かったのが「連絡をとるのが楽、便利」で三三・一％、次いで「いつでもどこにいても他の人と話ができる」が六・五％であった。やはり連絡手段としてのメリットが大きいようだ。

ただし、「暇つぶしになる」が六・五％あったほか、「とくになし」と「無回答」をあわせると一六・五％だったことも興味深い。必要に迫られてというより、「手持ちぶさただから」「なんとなく」「ほかにやることがないから」などの理由で使用していることがうかがえるからだ。現代の若者たちが、自分の時間をどう使っていいのかわからず、心も体も持て余している姿が垣間見える。以下は、そのほかにあげられた回答である。

①連絡手段系

迷子になっても平気。待ち合わせで遅れそうになったとき便利。

②出会い・コミュニケーション系

友だちが増えた。彼女ができた。いろいろな人と友だちになれる。好きな人とメールができる、つながりがもてる。友だちともっと仲良くなれる。誕生日の〇時ぴったりにメールが来た。友だちの個人情報を知ることができる。メールなら言いたいことが書ける。気楽にメールできる。チャットで日本全国の人と話ができる。友だちとけんかしたときに謝りやすい。簡単に会話できる。直接言えないこともメールで言える。家の電話だと誰が出るかわからないけど、ケータイだと絶対友だちが出る。あまり会わない人とも連絡がとれる。友人・家族とのつながり。夜ケータイを見ると安心する。旧友との関係がいつまでも続く。

③趣味・娯楽系

音楽が聴ける、カメラが使える。画像を楽しめる。オークションなどで、ものが安く手に入る。オンラインゲームが手軽にできる。いろいろなホームページを見て、学んだり楽しんだりできる。

④発信系

自分だけのサイト運営ができる。カメラの画質がよいと鮮明な写真が撮れ、思い出づくりにみんなに見せられる。

⑤機能系

データ容量が予想以上に多い。待ち合わせの場所や所在地がわかる。他のものを買わずに、

ケータイだけでいろいろなことができる。電車の料金や天気を見られる。時間がわかる。辞書の機能があるから、外国人に道を尋ねられても対応できる。ワンセグがあるので、簡単に録画できて便利。

## ケータイの弊害

では、ケータイを利用していて、嫌だと思うこと、嫌だった出来事は何だろうか。「迷惑メール」「知らない人からの電話やメール」「いろいろお金がかかる」の順に多かった。また、ケータイによってコミュニケーションがむずかしくなったり、トラブルが起きたりもしている。にもかかわらず、「とくになし」「無回答」をあわせると全体の四一%に達する。一方デメリットをあまり感じていない生徒も多いようだ。以下は、そのほかにあげられた回答である。

①コミュニケーション

相手に自分の気持ちが伝わりづらい。人とすぐ連絡がとれてしまう。嘘を平気でつかれる。面倒くさい。こちらの都合にかかわらず連絡が来る。メールマガジンが面倒くさい。嫌いな人からメールが来る。たまに誤解が生まれる。

②費用

いろいろなサイトを見ているうちに一万円を越えた。架空請求。

③セキユリテイ・マナー

サイトに勝手に電話番号を載せられた。チェーンメール。アダルトサイトの宣伝。出会い系メール。いたずら電話。なくすと個人データがもれる。撮られたくない写真を撮られる。一日にメールが一〇〇〇件以上も来る。知らないサイトから宣伝メールが来る。間違い電話。

④ハード・ソフト

インターネットに接続できなかった。壊れやすい。持ち運びが面倒。電波が悪い。友だちと機種が重なる。同じ機種を嫌いな人が持っていた。

⑤その他

使いすぎて怒られた。依存症になった。勉強の時間が減るので成績が下がった。目が悪くなった。

### ケータイとはどんな存在か

「なくては困るもの、なくては暮らせない」がもっとも多く一二・四%、次いで「暇つぶし」六・五%、「連絡手段」五・九%の順であった。一位の回答は想像どおりであり、そのほかの回答でもケータイとの密着感が伝わってくる(「生活の一部」「必需品」がともに四・三%)。一方で「無回答」も二一・一%にのぼり、存在をうまく言葉にできない無自覚・無意識的な密着性も垣間見えた。以下は、そのほかにあげられた回答である。

①密接派

何でもできるもの。すべてが入っているもの。大事なもの。人と連絡をとれる大切なもの。迷子になっても安心できるもの。パートナー。あって当たり前。体の一部。癒し。命そのもの。一心同体。恋人。愛人。絆を深めるもの。お金で買えない価値、プライスレス。ないと親指が寂しい。

②否定派

なくなってほしい。最近いらない。本当に必要なときしか使わないから、あまり必要ない。

③中間派

日用品。どうでもいいもの。あったら便利、なかったらなかったで別にいいもの。二の次。必要だけど、ときに捨てたくなる。なくてもいいけど、つい使ってしまうもの。

## アンケートから見えてきたこと

①若い世代ほど早い時期から所持し、使用頻度が高い。

対象とした高校生の小学生時代は、携帯電話の契約数が固定電話を追い越した時期と重なっている。さらに近年、子どもをターゲットにした凶悪事件が続けて起きたこともあり、防犯目的で子どもにケータイをすすんで持たせる親も急激に増えた。ケータイメーカーでは、パンフレットを作成して子ども市場の拡大に努めている。

その結果、二一ページで述べたように〇七年現在ケータイやＰＨＳを使っている中学生は

約六割、小学生は約三割を占める。若い世代ほど、ケータイは「いつか手に入れたいもの」ではなく、「当たり前のように身近にあり、生活必需品」になっているのかもしれない。それゆえ、ケータイとの密着度が濃く、依存度も高くなっているのではないか。

②女子のほうが使用頻度が高い。

一日の利用時間は、男子に比べて女子がはるかに長い。「自分にとってケータイとは?」という質問に対する回答でも、女子により密着的な言葉が見られる。これは、一般的に女子のほうがグループで行動する場合が多く、仲間意識(ときに、それが表面的であっても)が強いためであろう。「友だちとつながっていたい」「仲間はずれにされたくない」という感情が女子のほうがより強く、その重要なツールがケータイなのだろう。

③学力に関係なく浸透している。

アンケートを行なった二つの高校は、いわゆる偏差値的には倍近くの開きがある。しかし、生徒の利用時間や利用料金に差は見られない。学習意欲や学力の高さとケータイへの依存度に関連性はあまりなく、あらゆる層の高校生にとって非常に身近で密接な存在となっていることが浮き彫りとなった。

④経済状況に関係なく利用している。

家庭の経済状況と学力との相関関係については、新聞などでもよく報じられている。(6) ケータイに関しても、利用料金を考えると経済状況と関連性があるのではと考えていたが、結果

を見るかぎり、関連性はなかった。アンケートを行なった公立高校には、経済状況が著しく厳しく、授業料免除の申請をしている生徒も多い。ところが、その生徒が一方でアルバイト代のうち三万円近くをケータイ代に充てている。彼女たちにとってケータイは、それほどなくてはならないものなのである。

## 4　ケータイとともに生きている生徒

### 三〇センチ未満の関係

あゆみ(一八歳)がケータイを利用し始めたのは小学校六年生のときで、親との連絡手段のため。それから七年間、使い続けている。現在は二台を所持し、一台は長電話用、一台は通常用。長電話用は、同じメーカー同士なら定額(三〇〇〇円)で通話し放題で、こうしたサービスを利用している生徒は多い。選ぶときのポイントはデザイン性だ。

通常用のケータイは、約一万五〇〇〇円で買った。一カ月あたりの平均利用料金は一～二万円で、自分のアルバイト代(月額約六万円)で支払っている。一日平均利用時間には「わかんない。ヒマさえあれば」と答えたので詳しく聞いてみると、二四時間常に持っているという。そこで、あゆみの一日をケータイとの関係性から追ってみた。

朝、枕元に置いてあるケータイのアラームで目を覚ます。すぐにメールをチェックし、必要があれば返信する。身支度や食事中も、たびたび画面を見てはメールチェックを続ける。学校までの電車とバスの車内でもメールのやりとりは続き、マナー違反であるとわかっていながら通話もたまにする。学校では、授業中に教員の目を盗みながらメールをしあったり、検索したりすることもある。

放課後はアルバイトをしているが、シフトの確認や遅刻などの連絡手段にもケータイは重宝している。休憩時間中は、もちろんメールチェックを欠かさない。家に帰ってもケータイは常にそばに置き、お風呂でも湯船の中でメールや電話する。布団に入り、枕元にケータイを置いて、彼女の一日は終わる。あゆみとケータイとの物理的距離がもっとも離れたときであろう。その距離わずか三〇センチ。

彼女はいま六台目のケータイを使っている。それまでのが使えなくなったわけではないが、新しい機種が出たり、デザインに飽きてくると、買い換えたくなる。使わなくなった五台分のケータイのありかは、自分自身でも定かではない。「家のどこかにあるかなあ。どれかは親戚の子どもにあげたかなあ」という曖昧さだ。リサイクルについては聞いたことはあるけれど、回収場所に持って行ったことは一度もない。

そんなあゆみに「ケータイの最大の魅力は?」と尋ねると、こんな答えが返ってきた。

「暇つぶし」

「依存はしていない」と言うけれど……

「私はみんなほどケータイに依存していない」というのが麻衣(一八歳)の主張である。「別になくても大丈夫」と話す。だが、利用時間を尋ねると「二四時間」という返事が返ってきた。

「メールがしたい」という理由でケータイを使い始めたのは中学校一年生のとき。本体は○円で買ったが、現在の一カ月あたり利用料金は二一～二三万円。アルバイト代(約八万円)で支払っている。メールは面倒なので嫌いだが、インターネットの検索はよく行う。いまのケータイは六台目。番号を変えたかったり、気分を変えたかったりしたときに、買い換える。使わなくなったケータイはすべて家にある。リサイクルについては知らない。

「依存してはいない」と言う麻衣だが、その手はときに授業中でもケータイ上を動き、さまざまな情報を入手している。そのうちのどのくらいが本当に必要な情報なのかは、彼女自身もわかっていないのかもしれない。

この二人の例からも、ケータイがいかに高校生の生活に深く入り込んでいるかがより鮮明になった。生活に入り込むというより、「ケータイとともに生活している」と言ったほうが適切かもしれない。

ところが、あゆみは「ケータイはなくてはならないもの」と言いながら、ケータイの利点を「暇つぶし」と語る。麻衣は「依存していない」と言いながら、「利用時間は二四時間」と答える。この乖離に、彼女たちのケータイとの典型的な付き合い方が見てとれる。

## 知られていないリサイクル

あゆみも麻衣も現在のケータイは六台目だったが、使わなくなったケータイを回収場所に持って行ったことは一度もない。他の生徒に質問しても、リサイクルについて知っている生徒さえほとんどいなかった。知っていても、実際に回収場所へ持って行った生徒は皆無である。

不要になったケータイのうちリサイクルされる割合を判断する材料のひとつに、ケータイの回収率がある。二〇〇一年度の回収率が三五・二％（回収台数約一三一〇万台）であったのに対して、〇三年度は約二四％（約一一七一万台）、〇四年度は二一％（約八五三万台）と低下した[7]（第4章参照）。その後も回収台数は、〇五年度の約七四四万台、〇六年度の約六六二万台と、減少し続けている（〇五年度以降の回収率は不明）。

回収場所へ持って行かない理由は、コレクションとして持ち続ける、データのバックアップに必要、アドレス帳がもれるのが不安、面倒くさい、などだ。しかし、高校生を見ていると、リサイクルそのものについて「知らない」ことが、最大の理由ではないかと考えられる。

「新しい機種が出たから」「デザインが格好いいから」という理由で、次々とケータイを買い換えていくその姿は、大量消費・大量廃棄社会の象徴である。

## 5　ケータイから起きるトラブル

若者の生活にケータイが深く入り込むなかで、人間関係上のトラブルがケータイを介して生じるようになっている。京都市教育委員会の調査では、京都市内の中学生のほぼ四人に一人がケータイのメールで悪口を送られた経験をもつことがわかった。こうした状況は全国的に見られる。奈良県では、中学校三年生の男子二名が同級生の女子に二日間で七〇〇回以上もの嫌がらせメールを送りつけるという事件が起きている。天理署は男子生徒を県迷惑防止条例違反(電話等による嫌がらせ行為などの禁止)の容疑で逮捕した。

画像による事件も多い。たとえば、北海道の高校生が自分のホームページで公開していたいじめ画像を第三者が動画投稿サイトに投稿し、流出した。また、栃木県の女子中学生複数名が同級生の女子中学生の体操服の上半身を捲《まく》り上げてケータイで撮影し、同級生全員に送信するという事件も起きている。

そして、「プロフ」(プロフィールサービス)によるトラブルも多い。埼玉県では、高校生が同級生に暴行まがいのいじめを行い、その一部始終を撮影した動画をプロフに掲載。それを第三者が動画投稿サイトに投稿し、画像がインターネット上に流出した。アンケート調査を行なった

高校でも、プロフ関連のトラブルが年間で数件起こっている。それにかかわった生徒数は、明らかになっているだけでも、一学年の一五％近くに及ぶ。

運営者が用意した、名前（ハンドルネームも可）、学校、趣味、誕生日、メールアドレスなどの数十項目から書きたい項目を選んで自分を紹介するページをつくり、ネット上で公開するのがプロフだ。自分のプロフを見た人にコメントを書き込んでもらう掲示板を設置できるほか、画像掲載やＢＧＭに対応したサービスもあり、ちょっとしたホームページのようでもある。(8) コメント欄で言葉を交わし、メール交換をするなど、友だちの輪を広げるツールとして人気がある。

だが、登録時に本人確認を必要とせず、書き込み内容もノーチェックのプロフが少なくない。こうした管理されないプロフでは、いじめの対象にする相手の名前で登録し、その人物のフリをして貶める「なりすまし」や、画像掲載の機能を悪用していじめたい相手の尊厳を奪おうとする例が続出してしまう。

たとえば、趣味の欄に「お金をくれるおじさん募集」などと嘘の情報を書き込み、ターゲットの本当の住所と電話番号を記載した「偽プロフ」がつくられる。また、ターゲットの画像を掲載して、適当な項目欄に「みんなでこいつレイプしませんか?」などの過激な呼びかけや個人情報を書き込む嫌がらせプロフもある。プロフで勝手に電話番号や住所を公開されたため、自宅にひっきりなしに電話がかかってきたり、不審者が自宅の周辺を徘徊したりした例も報告されている。(9)

ネットによるいじめは、相手に直接会うわけではないので、内容が過激になりやすい。そして、何と言っても犯人がわかりにくいのが最大の特徴である。この密室性が若者の心を逆にとらえ、「怖い、面倒」だけれども「やめられない」状況をつくっているようである。

## 6 「ケータイなしでは生きていけない!?」のは誰か

若者とケータイとの関係について見てきたが、若者たちに次々とケータイを「買わせている」のは、ほかでもないおとなたちである。ケータイ事業関連の市場は七兆円と言われており、情報通信総合研究所の発表では、二〇一〇年のモバイルコンテンツとモバイルコマースの経済波及効果は、〇六年の四倍の二・四兆円に成長すると見込まれている[10]。

モバイルコンテンツは、着メロ、待ち受け画面、音楽、ゲームといったエンターテインメント系と、ニュース、天気予報、乗り換え案内、占いなどの情報サービス系に分けられる。その経済波及効果はゲームを中心に増加し、〇六年の三八〇一億円から一〇年の九二二五億円へ二・四倍に成長する見込みである。

モバイルコマースは、物販系(通販)、サービス系(興行チケット、旅行宿泊予約、航空券、鉄道)、トランザクション系(証券取引、オークション、公営競技)に分かれる。その市場は、物販系の書

籍や化粧品を中心に急増し、〇六年に二三七八億円だった経済波及効果が、一〇年には六・三倍の一兆四八七〇億円にまで拡大すると予測されている。

雇用創出効果も大きい。モバイルコンテンツでは〇六年の四・五万人から一〇年の一一・〇万人へと二・四倍に、モバイルコマースでは〇六年の八・二万人から四倍の三三・二万人に成長する見込みである。

ケータイ市場の最大のターゲットである若者たちの心をつかむため、おとなたち、言い換えれば企業は、さまざまな戦略を立て続けている。高校生がケータイを買う際の選択理由のトップであるデザイン性がそのひとつだ。〇七年七月二三日に放送された「NHKスペシャル～デザインウォーズ　ケータイ開発の舞台裏～」は、デザイン重視の韓国メーカーに対抗する日本メーカー三社のデザイン開発競争を追った番組である。このなかでNECは、「新しい技術を搭載すれば売れる時代は終わった」と、これまでの成功モデルにこだわらない新たなデザインへのチャレンジを始めていた。

本体のデザインだけではない。ケータイのコマーシャルやパンフレットの表紙に若者に人気のタレントを起用し(第7章参照)、機能そのものよりデザインの格好よさを印象づけている。

高校生にとって「お得感」のある料金プランの設定も、ここ数年でかなり豊富になった。たとえば、NTTドコモにはi定額でiモードとメールが使い放題の「パケ・ホーダイ定額制」プラン、auには学生なら一年間継続利用の約束で基本使用料も通話料も半額になる「ガク割プラ

ン」などがある。また、中学校卒業にあわせた「卒割プラン」も登場している。若者の心をいかにつかむかが売り上げに直結するから、どの企業も必死だ。

「ケータイなしでは生きていけない」高校生。しかし、そんな高校生の購買意欲をかきたて、消費させ続けることで、生計を立てているおとなたち。「ケータイなしでは生きていけない」のは、むしろおとなたち、すなわち企業ではないのだろうか。

(1) 内閣府「第五回情報化社会と青少年に関する意識調査について」二〇〇七年七月。
(2) 吉田里織ほか編「ケータイの一生～ケータイを通して知る私と世界のつながり」開発教育教会、二〇〇七年。
(3) 愛知県中央県民生活プラザ「携帯電話・ＰＨＳに関するアンケート調査報告」二〇〇三年六月。
(4) 前掲(1)。
(5) イプシ・マーケティング研究所「携帯電話の利用に関する調査（IV）」二〇〇六年七月。http://www.ipse-m.com/
(6) 『毎日新聞』二〇〇七年一〇月二五日。
(7) (社)電気通信事業者協会のデータ。http://www.mobile-recycle.net/index.html　回収率＝回収台数÷(各メーカーからの出荷台数－携帯電話・PHS加入純増数)
(8) インターネットプロバイダー会社So-netの「セキュリティ通信」による。
(9) http://www.so-net.ne.jp/security/index.html
(10) 情報通信総合研究所のプレスリリース二〇〇七年八月二四日。http://www.icr.co.jp/index_j.html

# 第3章

# ケータイの向こうに世界が見える

石川 一喜

## *1* ケータイの構造

携帯電話(ケータイ)を購入すると、当然ながら取扱説明書が同梱されている。しかし、そのどこを見ても部品については書かれていない。どんな部品が使われているのか、その部品がどんな役割を果たしているのか、はたまたその部品の原料はどこから来ているのか。ましてや「分解・改造・修理しないこと」[1]との警告が記載されている以上、色とりどりにデザインされた鮮やかさの一方で、その中味はまさにブラックボックスである。

まず、携帯電話の基本的な構造をみていこう。筐体《きょうたい》[2](ハウジング)、ディスプレイ(液晶表示パネル)、プリント配線板(半導体ディバイス)、バッテリー(電池パック)、スピーカー、アンテナなどが組み合わさったものが携帯電話である(図1)。通話以外の多くの機能を持ち合わせるようになり、「ケータイ」と表現せざるをえなくなった最新の機種は、一台あたり六〇〇～七〇〇個もの部品を要する。機能が増していけばいくほど重量化・大型化するはずだが、実際には軽量化が進んできた。それは、各部品の小型化・軽量化が図られてきたからである(一九ページ参照)。

たとえば、プリント配線板は片面あるいは両面のものから何層にも重ねられた多層プリントに取って代わられ、より高密度に電子回路を集積できるようになった。いまでは、高精細な六

図1　ケータイの内部

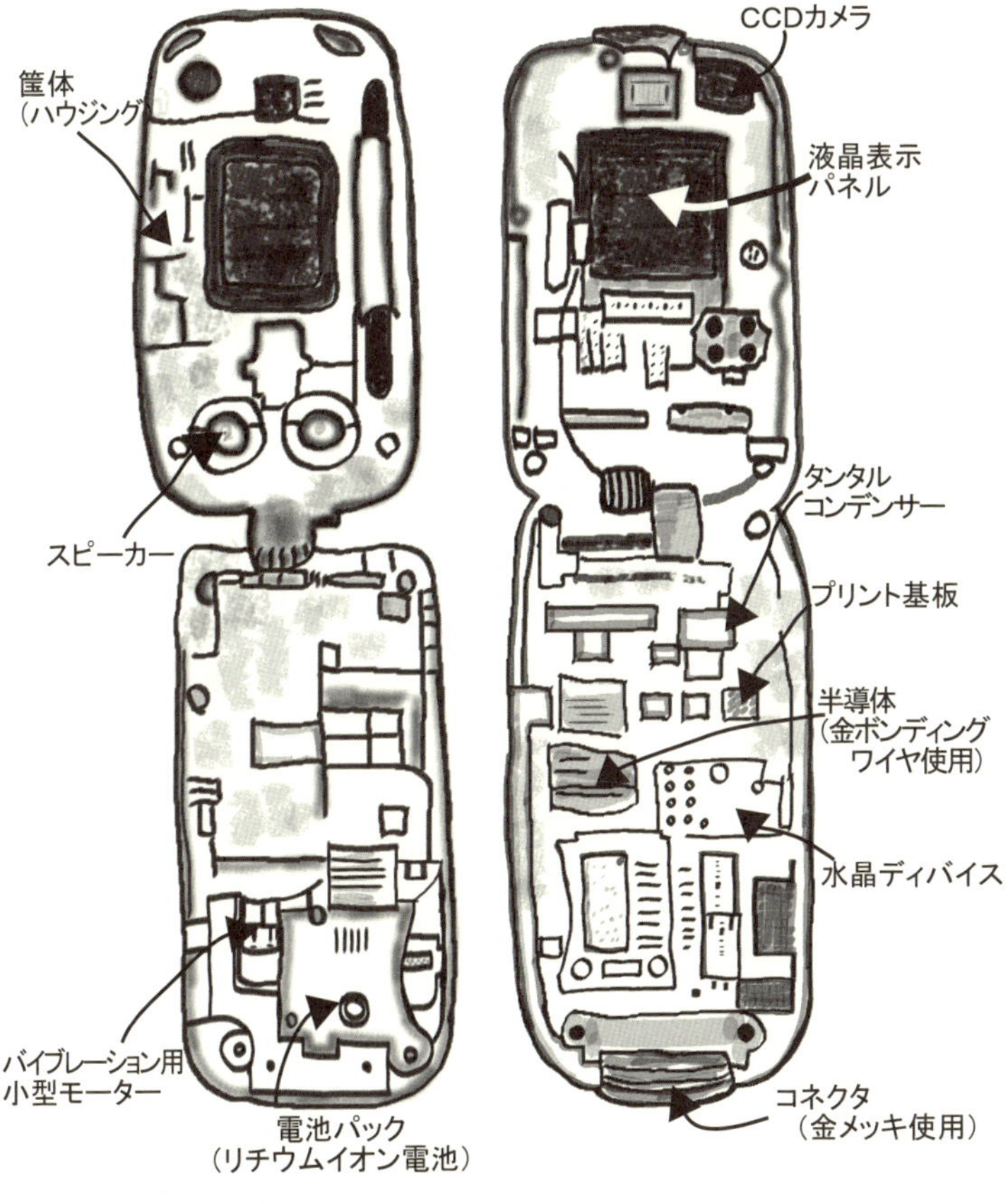
筐体
（ハウジング）
スピーカー
バイブレーション用
小型モーター
電池パック
（リチウムイオン電池）
CCDカメラ
液晶表示
パネル
タンタル
コンデンサー
プリント基板
半導体
（金ボンディング
ワイヤ使用）
水晶ディバイス
コネクタ
（金メッキ使用）

〜八層のビルドアップ多層プリント配線板が七割以上に採用されている。アンテナはチップ化が進み、一九九六年に村田製作所が世界で初めてチップ誘電体アンテナを開発した。現在は内蔵となり、アンテナをいちいち引き出す必要がまったくない。表示パネルには、有機EL（エレクトロルミネッセンス）パネルが採用され始めている。自ら発光する有機ELは背後から照らす必要がなく、薄型化を容易にした[3]。

リチウムイオン電池も軽量化に寄与した立役者のひとつである。以前のニッケル電池に比べ、同量の放電エネルギーを確保するのに体積で二〇〜四〇％の小型化、重さで五〇％の軽量化を実現した[4]。たとえば旭化成は、小型化・軽量化するケータイに適した電池を開発しようと、ノーベル化学賞受賞の白川英樹博士が発明した「電気を通すプラスチック」[5]の性質に着目。そこから特性の似た炭素のほうが電極にふさわしいことに気づき、九二年にリチウムイオン電池の商品化にこぎつけた。それに先んじて、ソニー・エナジー・テック（現ソニー・エナジー・デバイス）も九一年にリチウムイオン電池を出荷し始めている[6]。

微細な部品の何百もの組み立ては、もはや人間の手には負えない。実際、機械が一つの部品をつまんで基板に取り付けるまでにかかる時間はわずか〇・一〜〇・二秒。その誤差わずか〇・〇五ミリ。筐体には、無線通信用、信号制御用、付加機能用の電子ディバイスがぎっしりと詰まっており、電子機器のなかで非常に高度な実装技術が要求される。こうした「より軽く・より小さく・より薄く」を実現させてきたのは、日本の企業が長年培ってきた技術の賜物であ

る。きわめて精密な部品の製造工程は、おもな生産拠点がアジアなど海外へシフトしつつある現在でも、日本で維持せざるをえない[7]。

## 2　老舗のワザなくして、ケータイはあらず

日本でしか維持しえない技術はまだある。最先端工業技術の粋を集めたケータイに、創業一〇〇年以上にもなる日本の老舗企業の技術が活かされているということをご存知だろうか。野村進氏は、老舗企業の部品や技術がなければ、ケータイで話すことも聞くこともできず、形も現在とはまったく違ったものになっていたと述べている[8]。

たとえば、一八八五年（明治一八年）創業の田中貴金属工業（以下「田中貴金属」）はケータイの製造において非常に重要な一端を担っている。前身は、東京府日本橋区北島町（現在の中央区日本橋茅場町）に開いた両替商「田中商店」。創業当時は、一銭銅貨や五銭銅貨を一〇〇円単位で袋包みにし、二〜三銭の手数料を取って商店に渡すことを業務としていた。一九六三年には、東京オリンピック公式記念メダルの製造も行なっている。

現在は、ロンドン金市場のロンドン地金市場協会（LBMA：London Bullion Market Association）から任命された日本で唯一、世界でも五社しかない金と銀の「公認審査会社」として、貴金属の

分析・精製や売買に携わる。一方で、最先端技術になくてはならないさまざまな工業素材を生産している。たとえば、有害な排気ガスを化学反応によって無害にする浄化触媒としてのプラチナ、ＤＶＤレコーダーのディスクの反射膜に使用される銀、宇宙空間で強烈な太陽光線を浴びる人工衛星の防御膜としての金などである。現代の最先端技術をもつ工業製品を支えているのが、田中貴金属の技術なのだ。

　こうした貴金属を用いた工業素材は、ケータイの至るところに使われている。とりわけ金をベースにした部品は、カメラやメモリなど約一〇〇カ所にも用いられているという。田中貴金属が製造する部品は極小ながら、それらがなければケータイはまったく機能しないほど、果たす役割は絶大である。

　国内の新機種に一〇〇％装着されているマナーモード用のバイブレーション機能も、田中貴金属の独自の技術がなければ働かない。小型化・軽量化が進んで現在の主流はたった直径三・五ミリほどの小型モーターだが、このさらに内側にあるブラシはほとんど田中貴金属の製品である。[9] 指でつまむことさえできないこの極小の部品がなかったら、ケータイ利用者は着メロ音だけに頼らざるをえず、マナーモードという言葉すら存在していなかったかもしれない。

　ケータイに活かされるワザをもつ老舗は、田中貴金属ばかりではない。福田金属箔粉《はくふん》工業（以下「福田金属」）もそのひとつである。創業一七〇〇年（元禄一三年）、金や銀の箔と粉の商いを始め、屏風や蒔絵にかかわる仕事などをしていた、三〇〇年以上の歴史をもつ京都・室町の老舗

だ。福田金属の梶田治は、「携帯電話ブームはまるで神風だった[10]」と述べている。期せずして、時代が老舗の伝統技術とケータイをマッチングさせたのである。では、福田金属はどんな部品を製造しているのか。

まず、ケータイの折り曲げ部分に注目してほしい。その部分の配線板に使われているのが銅箔である。世界中で使用されているケータイの折り曲げ部分の銅箔は、福田金属はじめ日本の二社が独占しているといっていい[11]。また、ケータイの内面には、電磁波を外に漏らさないための電磁波シールド塗料が塗られている。ここに用いられているのも、やはり福田金属の銅粉や銀粉だ。

私たちがコンパクトにケータイを折り畳めるのは、こうした箔や粉にしていく老舗の技と新しい知恵との融合があってこそなのである。ケータイ製造に要する高度な技術は、新興企業だけが担っているわけではない。ケータイを知るにつれ、温故知新という言葉こそふさわしいと思えてくる。

折り畳み型のケータイの登場は、小型化・軽量化の歴史におけるターニングポイントである[12]。八九年四月にアメリカ・モトローラ社が発表したマイクロタックは、当時の世界最小・最軽量のケータイとして脚光を浴びた。それまでの機種が〝携帯〟と謳っていてもカバンに入れることさえはばかられるサイズだったのに対し、マイクロタックの重量は三〇三グラム。背広のポケットにすっぽり収まるまで小型化・軽量化された。そのわずか二カ月前に、ＮＴＴが「重量

六四〇グラムを実現した」と自信をもって新端末TZ―八〇三型を発売したばかりだっただけに、その衝撃の大きさが想像できる。以後、小型化・軽量化への開発競争が激化していく。

そして九一年四月、日本が最小・最軽量のトップの座を奪い返す。ケータイの契約数を飛躍的に伸ばすことになったムーバ(mova)シリーズの登場である。パナソニック、三菱電機、富士通、NECの四社がそれぞれ一機種ずつ、異なるデザインで発売したムーバは、平均体積約一五〇cc、重量約二三〇グラム。(13)なかでもひときわ異彩を放っていたのが、NECの折り畳み型である。技術的にむずかしいと言われていた折り畳み型は、部品をより薄くするなどのシビアな注文に応えた開発チームの試行錯誤の結実として、このとき日の目を見ることとなった。

## 3　約六割は「日系」ケータイ

日本のケータイ端末分野の市場は、ほぼ成熟したと言っていいが、世界的にみれば決して飽和していない。年間約八億台が生産され、(14)契約者数は二〇〇五年現在で二一・七億人である。(15)『世界がもし一〇〇人の村だったら』(16)にならえば、「一〇〇人の村人のうち、三三人がケータイを持ってい」るわけだ。ただし、普及率は国・地域ごとに大きな開きがあり、南北格差は歴然としている。

たとえばアフリカは、固定電話回線数の倍以上に携帯電話のインフラが整備され、急速に普及しつつあるとはいえ、普及率は一〇％を超えたばかりである。[18]一方で、経済が急成長している[17]ブリックス（BRICs）諸国[19]をはじめアジア、中東、中南米では契約者が著しく増加しており、潜在的な需要が見込まれている。とくに中国では一九八八年から毎年二ケタ成長を続けており、〇六年三月末時点の契約者数は四億一九〇〇万人と、[20]ダントツの世界一位である。

日本の契約者数は、中国、アメリカ、インド、ロシアに続き、世界第五位だ。[21]ただし、携帯電話の生産に関しては、日本のメーカーは外国に大きく水をあけられている。多くの日本人は日本製のケータイを使用しているので実感がないかもしれないが、世界シェアはほぼ毎年下がり続け、八・七％にすぎない（〇五年）。[22]その大きな要因は、GSM（Global System for Mobile Communications）方式に日本のメーカーが重点をおいてこなかったためである。

現在、世界のケータイの主流となっているのは、メールの送受信ができれば十分という程度のGSM方式で、いわゆる第二世代携帯電話に属するものである。GSM方式が世界市場の約七割を占める[23]一方で、日本はより通信速度が速く高容量通信を可能とした第三世代携帯電話のユーザーが七二・三％にのぼり、[24]ネット環境に接続可能なケータイの比率は八六・九％を占める。[25]つまり、そもそも同じ土俵に上がっておらず、国際競争力を失っているというわけだ。[26]

九七年の生産台数は一億二八一六万台、割合は日本が二一％で第一位だった。〇五年には生産台数が七億六二八六万台と中国が三五％でトップ、韓国が二六％で、日本は六％にまで減っ

図2　携帯電話端末販売台数のメーカー別シェア（2006年）

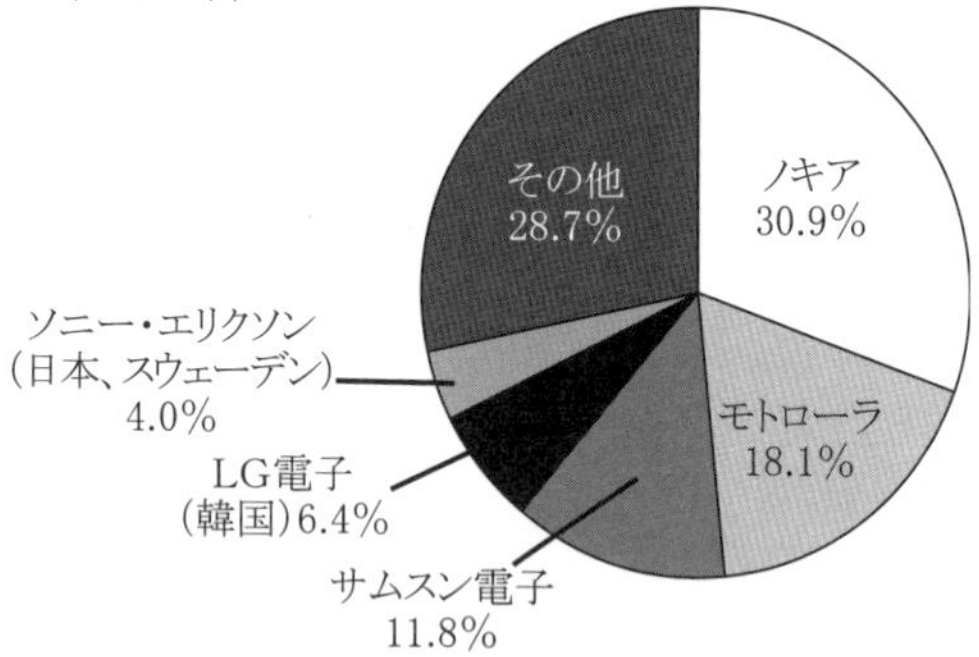


（出典）『情報通信白書平成19年版』総務省ホームページ、92ページ。

ている。中国は国内ユーザーの増加に加えて、欧米メーカーが中国企業と合弁・提携して拠点を移しており、生産・輸出基地として世界的な地位を確立したいとの思いが感じられる。

メーカー別にみると、ノキア（フィンランド）、モトローラ（アメリカ）、サムスン電子（韓国）、LG電子（韓国）、ソニー・エリクソン（日本・スウェーデン）の順で、上位五社でほぼ七割を占めている。日本のメーカーは「その他」に含まれる（図2）。

こうしたデータからは一見、〝ものづくりニッポン〟の名声は廃れたように見える。しかし、携帯電話端末から部品レベルへ視点を移すと、実にさまざまな日本独自の技術が施されている。精密な電子部品の多くはメイド・イン・ジャパンなのだ。たとえば、液晶先進国と言われる日本の表示パネルは六割以上に搭載されているし、バイブレーション用の小型モーターも七割を占める。周波数を制御する水晶ディバイスは、日本メーカーが大半を生産・供給している。ケータイに使用される部品をトータルにみると、約六割を日本のメーカーが供給していると言われる。[27]

したがって、多くのケータイが「日系」製品であると考えられるだろう。高い技術力と世界シェアを誇る部品メーカーが数多く存在していることは、日本のケータイ関連産業が競争力を失っていない裏づけである。最近では、韓国政府もこうした部品関連産業の重要性を認識し、〇五年一二月に国内部品関連産業の育成をめざした「部材・素材発展戦略」を発表した[28]。

億単位の生産規模にある電子機器は、めったにない。〇五年の生産状況[29]をみても、パソコン（約一億九四三三万台）やカラーテレビ（約一億六二八一万台）といえども、大きな開きがある。一〇年前後までは市場が拡大するだろうという推測[30]を考慮すれば、〝地球上でもっとも多く利用される電子機器〟であるケータイの部品原材料の調達が、困難になりはしないのだろうか。ブラックボックスと化しているケータイの、さらに奥深くをのぞいてみよう。

## 4　ケータイは宝の山

ケータイは宝の山である。嘘ではない。事実、電池を抜いたケータイには一トンあたり二〇〇〜三〇〇グラムの金が含まれている。これは、世界最高品質の金鉱である鹿児島県・菱刈《ひしかり》鉱山の含有量一トンあたり五〇グラムを大きく上回る[31]。世界の主要金鉱山の平均含有量は、一トンあたり五グラム程度にすぎない。それを思えば、なおのことケータイは贅を尽くした道具と

いえる。

古今東西、金は人びとを魅了してきた。人類が初めて金を手にしてから六〇〇〇年といわれるが、これまでに採掘された総量は約一五万五〇〇〇トン。その量はオリンピックの公式プール約三杯分弱にしか相当しないという。[32] 仮に、世界中にある金をすべて集めて塊にしたとしても、十分に視界に収まる程度なのだ。しかも、埋蔵していても採掘が困難な場所にあったり、そのために採掘コストが見合わなかったりで、ゆくゆくは採掘された金をリサイクルし続けなければならないという状況も考えられる。

そんな尊さゆえに生じる金への崇拝が、いっそうその価値を不動のものとしてきた。日本にも、金閣寺（鹿苑寺）や中尊寺金色堂など全面金箔の絢爛豪華な建造物がある。それらは、権威の象徴であったり、平安を願う畏敬の念であったり、崇高な思いから建立されたにちがいない。

しかし、現代における金に対しては、その優れた性質にこそ崇拝の念を抱くべきだろう。金は展性・延性（圧力によって破壊されずに板や箔にしやすい性質、引き延ばされる性質）に富む。もっとも薄く延ばせる金属のひとつで、一グラムあれば、〇・〇〇五ミリの糸状にして長さ三〇〇〇メートルまで延ばすことが可能だ。しかも、耐食性（腐食しにくい性質）があり、電気を通しやすく、電気抵抗が小さい。工業用金属として重宝される特性がそろっている。それゆえ、二〇世紀に入ってさまざまな工業分野で使われていく。

ケータイでもその特性を存分に発揮してきた。たとえば、ＩＣチップとパッケージをつなぐ

ために、金ボンディングワイヤという極細のワイヤが使われている。頭髪の三〜四分の一という細さである。およそ〇・〇二五ミリというその細さなくして、小さな部品同士のネットワークを縦横無尽につなげていくことはむずかしい。また、半導体を外部環境から保護したり、外部機器と電気接続したりする部分には、金メッキ液が施される。そこにも、耐食性と電導性のよさという金の特徴が存分に発揮されている。

宝は金だけではない。オリンピックのメダルではないが、ケータイの内部には銀も銅もそろっている。電磁波シールドや半導体に使われているのだ。NTTドコモグループの二〇〇六年度の実績では、金が一二四キロ、銀が三五二キロ、銅に至っては二万九〇二五キロもが、再資源としてケータイから取り出された[33]。

中世の日本が東アジア随一を誇る金・銀・銅の採掘地域で、それらが貴重な貿易品であったことは、よく知られている。いまでは、日本有数の佐渡金山(新潟県)も石見銀山(島根県)も資源の枯渇で閉山した。いずれも、外国から調達せざるをえない。「原料の世界地図」(二〇二・二〇三ページ参照)上のつながりの多さが物語るように、私たちが使うケータイ部品の原材料は、実にさまざまな国から集められている。もし原料の調達を日本国内に限定されれば、頼るのはほぼ「都市鉱山[34]」のみになってしまう。

そうした擬似的な「鉱山」が良質にできるほど、ケータイには世界の貴重な資源が集約されている。その宝の山には、海を渡ってきた部品一つひとつの物語がある。しかし、ユーザーは

それを知る由もない。人びとがこだわるのは、ケータイとしての最新機能を果たしてくれるかどうかであり、デザインが「イケている」かどうかである。原材料の出自を探るなど、思考の範疇にはない。だが、ケータイを宝の山たらしめているのは再資源化してリサイクルされるという理由だけでないことは、知っておいたほうがいいかもしれない。

## 5　つながるのは友人じゃなくて紛争!?

「戦後生まれの人いますか?」

教育関連のある全国大会のパネルディスカッションで、ひとりのパネリストが切り出した第一声である。自衛隊のイラク派遣が行われたころのことだ。会場を埋め尽くしていたのはほとんどが現職の教員か学生だったので、何をわざわざ尋ねているのかと思ったのだが、「いまはまさに戦時だ」と彼は言った。私たちが払った税金が米軍基地の維持やイラクに派遣された自衛隊の活動に使われているのであれば、私たちも戦争のさなかにあるのではないか、というのがそのロジックである。

その論理で言えば、ケータイを使う私たちも紛争への加担者であると言いうるだろう。なぜなら、ケータイはアフリカのコンゴ民主共和国(以下「コンゴ」)で繰り広げられている紛争と密

接につながっているからだ。

隣国にコンゴ共和国という名前の酷似した国があるので紛らわしい。以前の国名ザイール共和国と言ったほうが馴染みのある人も多いだろう。その国名ばかりでなく、鉱物資源が非常に豊富な国だと地理の時間に覚えた記憶も、わずかに残っているかもしれない。現在もコバルト、銅、ダイヤモンドの主要生産国であり、輸出の約六割がコバルトや銅などで占められている。[35]コバルトに関しては、世界第一位の三六・二%もの埋蔵量を誇る。[36]

コバルトは「レアメタル」と呼ばれる金属のひとつだ。レアメタルとは文字どおり「希少な金属」という意味だが、必ずしもそれだけに限定されるわけではない。なかには、資源的には希少とは言えない金属もある。ここでの「レア」には、「産出地域が偏在している」「生産量が少ない」「効率的製造法が未開発」「需給がアンバランス」といった意味も含まれる。[37]

そうした特徴から推測できるように、資源ナショナリズムが台頭するなかで、投機や買い占めによる供給不安や価格の変動が起こりやすい。実際、二〇〇〇年ごろから価格は上がり始めた。〇二年三月と〇七年三月を比べると、液晶パネルの電極に使われるインジウムは八倍以上、ニッケル水素電池として使われていたニッケルは七倍、自動車向け鋼材に必要なモリブデンも六倍に跳ね上がり、[38]「レアメタル・ショック」と言われる状況である。

そこで、アメリカ・中国・ロシアはじめ各国が備蓄を増やし、安定確保に向けた囲い込み政策がとられてきた。資源外交が熾烈に繰り広げられるなか、その争奪戦にすでに乗り遅れた感

がある日本も、確保に躍起になっている。

「産業のビタミン」とも呼ばれるレアメタルは、薄型液晶テレビやハイブリッドカー、パソコンなどに欠かせない。ハイテク産業立国の日本としては、その供給路が断たれるかどうかは死活問題なのである。精製技術では常に世界をリードしながら、ほぼ全量を輸入に頼っているレアメタル消費大国ニッポン。その足元は実におぼつかない。

ケータイは複数のレアメタルを必要とするハイテク製品である。ここでは、その原料のひとつであるタンタルに焦点をあてよう。

タンタルは元素記号Ta、原子番号七三、パナジウム族原子のひとつだ。融点が約三〇〇〇℃と高く、白金並みの耐食性をもつ。タンタルコンデンサーは小型大容量、低抵抗、高信頼性という特性があり、ケータイになくてはならない(39)。コンデンサーは電子機器の頭脳と呼ばれるCPU(中央演算処理装置)のそばにあり、それが正確に作動するために電流を制御し、安定させて供給する役割を果たす。これまで使用されていたアルミニウムのコンデンサーに比べて、大きさは六〇分の一ですみ、ケータイの小型化・軽量化に大きく貢献した。

オーストラリアやカナダなどとともに、コンゴはタンタルの産出国として知られている。この国の東部を「紛争の巣(40)」と呼ぶ人がいるが、九八年に勃発した紛争は、タンタルはじめ豊富な鉱物資源をめぐって繰り広げられた。国内を舞台としながらも、東部に隣接するルワンダ、ウガンダ、ブルンジは反政府系組織を、首都キンシャサのある南西部に近接するジンバブエ、

ナミビア、アンゴラは政府系を支援していたと、基本的にはみられている。

それら周辺諸国の軍や武装勢力がそれぞれの思惑で複雑に絡み合い、貿易商など民間人も含めてさまざまなアクターが、鉱物資源の豊富な東部に引き寄せられてきた。この紛争は、内戦に乗じて群がった者たちがタンタルはじめ鉱物資源をいかに収奪するかに固執したものだったわけである。

〇一年四月一二日付で国連事務総長あてに提出された国連安全保障理事会の調査報告書「コンゴ民主共和国における天然資源と他の富の違法な収奪に関する専門家委員会の報告[41]」は、それらを裏付ける内容だ。報告書によれば、外国の軍隊による天然資源の搾取は組織的に行われており、略奪・強奪は占領地で日常的な風景となっていた。そこには多くの民間企業が「紛争のエンジン」としてかかわり、有益な天然資源を武装勢力の資金源へと転化する仲介役を担い、戦争を煽っていたと思われる。

軍の高官たちは、紛争を長引かせれば莫大な利益が得られ続けると認識していた。そうした政治家、武装勢力、貿易商ら好戦的なつながりは、いわば「ウィンウィン」の関係性となっており、報告書が指摘するように「この巨大ビジネスの唯一の敗者はコンゴ国民」だ。別の調査[42]では、一攫千金をもくろんでタンタルを求めて農業を放棄したり、若者が学校へ行かずにタンタルの採掘に従事するものの収入が得られず、非行につながったりするケースも報告されている。洋の東西を問わず、いつも周縁の弱い立場の者が割を食うという構造が、ここにもある。

タンタルの精錬原料であるコルタン鉱石の採掘については、環境への負担も懸念される。さながらゴールドラッシュのような前近代的な採掘方法で、河川や湖沼周辺で次から次へと穴を掘って行われていたからだ。

採掘現場であるコンゴ東部には、推定生息数約四〇〇頭と言われ、レッドデータブックに載るマウンテンゴリラが棲んでいる。そこに鉱夫たちが野営地を設営し、臆病なゴリラを脅かしているのである。しかも、採掘現場を確保するための森林伐採、掘った土を水で選別する際の排水による河川・湖沼の汚染、穴掘りによる土壌浸食によって、環境への大きな負荷が憂慮される。(43)

こうして、タンタルに人が群がれば群がるほど紛争を長引かせるための道具となり、コンゴの人びとの日常生活を攪乱し、貴重な種の消失にも加担する結果をもたらしている。脆弱なインフラと限られた収入手段しかもたず、略奪の対象となりうる重要な資源をもつ国は、資源をもたない国に比べて紛争が起こる可能性が四倍に高まるという。(44)

ケータイを使うということは、間接的に紛争の導火点の当事者となることなのである。国連の報告書は「コンゴの国民が唯一の敗者である」と断じた。それでは、タンタルコンデンサーの入ったケータイを使う私たちは、勝者なのだろうか敗者なのだろうか。日本でケータイが普及していった時期とコンゴの内戦が起こった時期が符合する事実をどう捉えるべきか、私たちは考えていかなければならない。

## 6　ケータイはどこへいく

コンゴの内戦と時を同じくして、周辺国が突如タンタルを輸出し始めた。タンタルが存在しないはずの「ルワンダ産」が市場に流通し、(45)不自然にもルワンダのタンタル輸出量が一九九七年から二〇〇〇年にかけて倍増する。(46)これは、コンゴに駐留するルワンダ武装勢力が組織的なネットワークで天然資源の搾取に携わっていた証左といえよう。

NGOのPole Instituteは、タンタルを採掘するコンゴ東部で採掘されたタンタルの五〇%を、Albers社がタンタルの精製・流通に携わる大手多国籍企業三社(ドイツのHCスタルク社、アメリカのキャボット社、中国のシンシャー社)と取引したことを指摘している。Albers社は、ルワンダが支持するRCD(コンゴ民主連合)の経済的支柱ともなっていたという。(47)

こうしたNGOの取り組みや国連の調査団の報告は、ケータイ関連企業の活動方針に少なからず影響を与えていく。マイクロソフト社は『マイクロソフト企業市民活動レポート二〇〇四』で、「サプライチェーンマネジメントにおける課題：コルタンの採掘と人道上の懸念」と題し、コンゴに代わるタンタル供給源の確保に努めることを明記した。モトローラ社も『二〇〇四年度環境安全アニュアルレポート』において、「違法な採掘によるものであるとわかったタンタル

を使用しないことを決め、即座にその措置をとりました」と強調している。

複雑な流通ルートをもつタンタルの取引をつまびらかにしていくのは困難で、最終的な製品に含まれるタンタルの産地を特定するのはきわめてむずかしい。ともあれ、こうした動きが出てきたことは評価できる。

同じように、最近では経済的利益の追求のみではない動きが散見され始めてきた。たとえば、CSR(Corporate Social Responsibility＝企業の社会的責任)の視点で、自社が調達する原材料の出自に配慮する企業がみられるようになっている。さらに、自社の企業活動だけなく、取引先や製品の製造過程にかかわるあらゆる場所・人にもそうした配慮への賛同と協力を求める「CSR調達」への関心も高まりつつある。

環境への負担が少ない原材料や部品を選択し、品質や納期に対しても環境面に配慮する「グリーン調達」を意識する企業も生まれてきた。さらに、人権や環境、あるいは安全衛生や公正な取引などに関してガイドラインを掲げたり、チェックシートを設けたりして、社内意識の高まりを図る企業もみられる。

また、「エコリュック」という新たな環境負荷の指標が注目されてきた。これは、ある製品や素材を調達するために自然な状態から動かした鉱石や使用されたエネルギーなどの総計を環境への負荷の指標とする考え方である。(48) たとえば、金は含有率が低いので、精製・加工するのに膨大な量の鉱石を採掘する。したがって、一キロの金に対し、一一〇〇トンものエコリュック

を背負うことになる。ケータイは原料にエコリュックの重い希少金属が多いため、一台の重さ五六グラムに対して五五〇倍もの負荷がかかり、三一キロ分の天然資源を無駄にしている[49]。

こうした新しい取り組みや考え方、ルールは、どんなに崇高であっても、私たち自身が共感しなければ具現化されていかない。それが社会の「当たり前」へと昇華したときに、うねりが一段と大きくなる。EU（欧州連合）によって〇六年七月から施行されたRoHS[50]（ローズ）指令は、電気・電子機器における水銀、鉛、カドミウムなど特定有害物質の含有を禁止した。その結果、鉛フリーはんだ[51]が開発され、切り替えが徹底されたのは、格好の事例である。

〇五年三月、NTTドコモはNECと共同で、世界初のケナフ繊維強化バイオプラスチックを使用した**FOMA N701iECO**を開発、発売した。トウモロコシを原料とするポリ乳酸に補強材としてケナフ繊維を添加した環境配慮型プラスチック素材を、筐体全面に使用している。材料生産時のCO$_2$排出量は、従来の約半分になるという。

発売にあわせて、通信料請求額の一％相当を自然環境保護活動にあてるキャンペーンも行なった。しかし、マスコミや学会、官公庁から技術面に関する反響は大きかったものの、ほぼ同型の一般機種と比較すると販売数は少なかったそうだ。NECの携帯端末開発部門の技術者は、「環境問題への意識の熟成という意味で、若干時期が早かった」と振り返ると同時に、新たな開発に期待を抱いていた。

「いずれニーズが出てくるにちがいありません。今後、ニーズや採算を考えながら、次のビジ

ネスチャンスを狙いたいですね。また、人間が持つモノとして身体機能的な側面からみた場合、ほぼいまの形が完成形でしょう。いまのケータイの機能を満たすうえで、それほど大きな形態変化は、もうないと思います」

これ以上に小さくすることがあまり意味をなさないのであれば、別のニーズへ私たちは視線を向けていくべきなのかもしれない。老舗の技術や海外の資源をかき集めて、一ミリでも薄く、一グラムでも軽くと競ってきた思考から、ユーザーもメーカーも脱却していいのではないだろうか。

(1) 法的には無線機器扱いになる携帯電話は、電波法によって分解・改造が禁じられている。
(2) 電子機器を収めた箱、外装のこと。外からの衝撃などから精密な機器を保護するとともに、機器が発する電磁波を外にもらさない役割も果たしている。
(3) 『携帯電話の部品・構成材料の市場二〇〇六年』シーエムシー出版、二〇〇六年、二七〜二九ページ。
(4) NTTドコモレポート「高機能化が進む携帯電話の小型・軽量化について」二〇〇四年六月、四ページ。
(5) タッチパネルの表面に使用されたり、電磁波を防ぐコンピュータ用のスクリーンに使われたりしている。プラスチックは金属よりも軽く、加工しやすいので、小型化・高性能化する電子機器の製造には非常に都合がいい。
(6) 「ニッポン人・脈・記ケータイ文化⑤軽量電池素材から手探り」『朝日新聞(夕刊)』二〇〇六年一月一一日。

(7) 前掲(3)、二四〜二五ページ。
(8) 野村進『千年、働いてきました——老舗企業大国ニッポン』角川書店、二〇〇六年。
(9) 前掲(8)、三九ページ。
(10)「ニッポン人・脈・記ケータイ文化④より小さく、軽く、便利に」『朝日新聞(夕刊)』二〇〇六年一月一〇日。
(11) 前掲(8)、四七ページ。
(12) 前掲(10)。
(13)「NTTドコモ歴史展示スクエア」ホームページ http://www.std-mcs.nttdocomo.co.jp/history-s/list_mova.html
(14)『日経マーケット・アクセス年鑑IT市場総覧二〇〇六年度版』日経BPコンサルティング、二〇〇六年、二三二ページ。
(15) 総務省編『情報通信白書平成一九年版』ぎょうせい、二〇〇七年、九三ページ。イギリスのある調査会社によれば、二〇〇七年一一月に全世界の携帯電話契約数が三三億に達し、普及率は五割を達成したという。http://itpro.nikkeibp.co.jp/article/NEWS/20071129/288379/
(16) 池田香代子再話、ダグラス・ラミス対訳、マガジンハウス、二〇〇一年。
(17) 世界全体に占める先進国と途上国における契約者数の比率は、二〇〇一年に五七対四三であったが、二〇〇五年には三七対六三と逆転している(前掲(15)、九三ページ)。
(18)『今がわかる時代がわかる世界地図二〇〇七年版』成美堂出版、二〇〇七年、一三二ページ。
(19) 昨今、経済発展の著しいブラジル(Brazil)、ロシア(Russia)、インド(India)、中国(China)の頭文字をあわせた四カ国の総称。アメリカの大手証券会社ゴールドマン・サックス社が二〇〇三年に発表した投資家向けのレポートで用いて以来、広く使われている。

(20) 前掲(3)、六～七ページ。
(21)『今がわかる時代がわかる世界地図二〇〇八年版』成美堂出版。二〇〇八年、一三六ページ。
(22) 前掲(14)、二三四ページ。
(23) 二〇〇六年の生産ベースでみると、世界の携帯電話の六九・四％がGSM方式を利用している。前掲(15)、九三ページ。
(24) 前掲(15)、一八五ページ。
(25) 電通総研『情報メディア白書二〇〇七』ダイヤモンド社、二〇〇七年、一六五ページ。
(26) ただし、異なる二つの通信方式に対応するデュアル端末が発売されたり、今後別の通信方式に移行する動きがあるため、日本メーカーがシェアを挽回する可能性はある。
(27) 小林敏幸「携帯電話の部品・構成部材料の市場」『工業材料』二〇〇六年七月号、一〇ページ。
(28) 前掲(18)、九〇ページ。
(29)『世界国勢図会二〇〇七／〇八版』矢野恒太記念会、二〇〇七年、三〇六～三〇八ページ。
(30) 前掲(3)、一二三ページ。
(31)「携帯リサイクル低調　回収率は2割」『朝日新聞』二〇〇六年四月一七日。
(32) 田中貴金属工業ホームページ「金・プラチナの基礎知識」http://gold.tanaka.co.jp/first/chisiki/chisiki_01.html
(33) NTTドコモホームページ「環境への取り組み」http://www.nttdocomo.co.jp/corporate/csr/ecology/resources/
(34) 携帯電話やパソコンなど電子機器の廃棄物に含まれる非鉄金属を再利用可能な資源とみなせば、「都市」が「鉱山」として機能するため、こう呼ばれるようになった。日本の都市鉱山の金属資源総量は資源大国に匹敵するほどである(『朝日新聞』二〇〇八年一月一二日)。

(35) 外務省ホームページ http://www.mofa.go.jp/mofaj/area/congomin/data.html
(36) 前掲(29)、一六五ページ。
(37) 岡部徹「レアメタルの実情と日本の課題」『工業材料』二〇〇七年八月号。
(38) 経済産業省資源エネルギー庁資源・燃料部鉱物資源課「総合資源エネルギー調査会鉱業分科会レアメタル対策部会報告書案の概要」『工業材料』二〇〇七年八月号、二九ページ。
(39) 泉知夫「タンタルをめぐる問題と製造技術の最近動向」『工業材料』二〇〇七年八月号。
(40) 「紛争の巣コンゴ民主共和国東部　平和への再出発」『毎日新聞(夕刊)』二〇〇六年一月二八日。
(41) "Report of the Panel of Experts on the Illegal Exploitation of Natural Resources and Other Forms of Wealth of the Democratic Republic of the Congo", 2001. http://www.rusmuseum.jp/index_pc.html で全文ダウンロード可能。
(42) Pole Institute, "The Coltan Phenomenon: How a rare mineral has changed the life of the population of war-torn North Kivu province in the East of the Democratic Republic of Congo", 2002.
(43) 菊池隆之助「コンゴにおける鉱業開発と野生動物保護の問題—コルタン鉱石採掘とゴリラ生息地—」『月刊アフリカ』二〇〇四年三月号。
(44) キャサリン・アインガー「アフリカ資源争奪戦」『NI—Japan』二〇〇四年五月号。
(45) 寺中誠「コンゴ民主共和国の人権侵害をつなぐもの」『DEAR News』二〇〇六年一〇月号。
(46) 吉田敦「鉱物資源問題と世界経済——コンゴ民主共和国の『紛争ダイヤモンド』問題を例証として」『商学研究論集』第二一号、二〇〇四年九月、一四九ページ。
(47) 前掲(42)。
(48) フリードリヒ・シュミット＝ブレーク／佐々木建編、花房恵子訳『エコリュックサック——環境負荷を示すもう一つの「重さ」』省エネルギーセンター、二〇〇六年。

（49）「金属採掘の環境負荷は新指標『エコリュック』に注目」『朝日新聞（夕刊）』二〇〇七年一一月二一日。
（50）正式名称は Restriction of the use of the certain Hazardous Substances in electrical and electronic equipment（電気電子機器の特定有害物質使用規制）。
（51）鉛より有害な可能性のあるビスマスやインジウムが代替物質として使用されていたり、費用対効果が見合わないと指摘されたり、賛否両論ある。

# 第4章

# ケータイ汚染と廃ケータイの行方

廣瀬 稔也

## 1　毎年約六五〇万台が廃棄されている⁉

### 膨大な買い換え需要

乳幼児や一部の高齢者をのぞけば、ケータイは日本人の生活必需品となった観すらある。テレビや新聞・雑誌はもちろん、街頭広告にいたるまで、季節ごとに大量の新製品をPRするケータイのCMを見ない日はおろか、見ない時間帯すらないと言っても過言ではない。それらの広告では、これでもかと言わんばかりにさまざまな付加機能を紹介し、あの手この手で購買欲をくすぐってくる。

消費者の新しいモノを欲しがる意識と、日常的に使う道具だけに故障や紛失が多いこともあいまってか、二〇〇六年度は新たに四八七五万五〇〇〇台のケータイが出荷された(1)。〇七年一二月末の段階で、ケータイ・PHSの普及率は八二・四%(2)に達しているので、その多くが機種変更などの買い換えによる需要であると思われる。これだけ多くの新製品が市場に出回る裏では当然、使われなくなった大量のケータイ端末が発生しているはずだ。それらは、どうなっているのだろうか。

ネット調査を行うマイボイスコムのウェブ形式のアンケート調査(〇七年五月一〜五日)では、

過去にケータイ・PHSの買い換えや解約をした人に、どのように処分したかを尋ねている。その結果をみると、「処分せずに持っている」という回答が一万五一六五名の七四・三%にのぼった。[3] また、ヤフージャパンニュースの意識調査（〇七年七月五〜一一日）では、使わなくなったケータイが手元に何台あるかを尋ねている。回答総数五万五八七七人のうちでもっとも多かったのは、一〜三台の三万一五二九人だ。次に多かった四〜五台の九九〇三人を合わせると、八割を超える。〇台という回答は、約一割の四八〇一人しかいない。

ヤフージャパンニュースの調査結果では、目覚ましやキッチンタイマー、ゲーム機、デジカメ、電話帳のバックアップなどに利用している人たちがいるという。電話としては使わなくとも、便利なミニ家電として十分に役立つほどにケータイ端末が多機能化し、進化してきたためだろう。だが、八割以上が手元に置き続けているのは、ケータイをリサイクルするという意識が消費者に欠けている面も多いのではないか。

ブラウン管テレビ、冷蔵庫、エアコン、洗濯機には家電リサイクル法（特定家庭用機器再商品化法）が、パソコンには資源有効利用促進法（資源の有効な利用の促進に関する法律）があり、リサイクルが義務付けられている。これに対して、ケータイをリサイクルするための法律はまだない。

## リサイクルへの動機づけの欠如

それでも、循環型社会の構築という社会的機運もあって、NTTドコモ、au、ソフトバンク

などの通信事業者とケータイ端末の製造メーカーが〇一年にモバイル・リサイクル・ネットワークを設立。店頭で共通のポスターなどを掲示し、ケータイのリサイクルを呼びかけている。新規申し込みや諸手続きを行える街中のケータイショップでは、機種変更などで使わなくなったケータイを無料で引き取ってくれる。

実際に、ケータイ端末をNTTドコモとauのショップにそれぞれ持参してみた。どちらも、アドレス帳などに入っている個人情報のデータを取り出すことを不可能にするために、店頭で端末に穴を開けて物理的に破壊したうえで回収する。所要時間はおよそ数分。店員に尋ねたところ、使い終わったケータイを回収に出す人は少なくないが、アドレス帳のバックアップのために常に一台は保管しておく人が多いという。一方で、端末価格が割安の家電量販店で機種変更をした際は、端末の回収について尋ねられもせず、何の情報提供もなかった(4)。

モバイル・リサイクル・ネットワークのウェブサイトで紹介されているリサイクル実績(表1)を見ると、設立前の二〇〇〇年度には一三六二万台回収されていたが、設立後から回収台数が減少。〇六年度には六六二万台で、六年間で半減してしまった。NTTドコモグループとKDDIのCSR報告書では、こうした減少傾向は端末の多機能化によると分析している。また、回収台数の減少は、携帯電話業界全体の課題としてとらえられているようだ。

しかし、NTTドコモの場合、直営店での機種変更と同時の回収であればポイントが加算されるが、回収だけでは消費者への特典はない。auとソフトバンクにいたっては、機種変更と同

表1　モバイル・リサイクル・ネットワークのリサイクル実績

| | 年度 | 2000 | 2001 | 2002 | 2003 | 2004 | 2005 | 2006 |
|---|---|---|---|---|---|---|---|---|
| 本体 | 回収台数（1,000台） | 13,615 | 13,107 | 11,369 | 11,717 | 8,528 | 7,444 | 6,622 |
| | 回収重量（t） | 819 | 799 | 746 | 821 | 677 | 622 | 558 |
| 電池 | 回収台数（1,000台） | 11,847 | 11,788 | 9,727 | 10,247 | 7,312 | 6,575 | 6,133 |
| | 回収重量（t） | 304 | 264 | 193 | 187 | 159 | 132 | 125 |
| 充電器 | 回収台数（1,000台） | 3,128 | 4,231 | 3,355 | 4,387 | 3,181 | 3,587 | 3,475 |
| | 回収重量（t） | 328 | 361 | 251 | 319 | 288 | 259 | 234 |

（出典）http : //www.mobile–recycle.net/result/index.html

時でも何ら特典はない。消費者への動機づけがないことも、回収率が上がらない理由だろう。

前述したように、〇六年度は国内で約四八七六万台のケータイが出荷されている。だが、ケータイを持っていない人が新規に加入した純増は五二一万台にすぎない。したがって、機種変更によって使われなくなった端末は約四三五五万台になる。回収台数は六六二万台だから、回収率は一五％にすぎない。

また、前述のアンケート調査などから、七割の利用者が使わなくなった端末を家庭で保管していると仮定すると、約六五〇万台が何らかの形で廃棄されたと考えられる。それは、リサイクルされたのとほぼ同数である。

## 2　日本のケータイ・リサイクルの現状

では、回収された廃ケータイは、どのように処理されているのだろうか。

そもそもケータイには、銅などのメジャーメタル、金や銀などの貴金属、プラチナ（白金）、パラジウム、インジウム（フラットパネルディスプレイなどの透明導電膜に使用）、ビスマス（無鉛はんだに使用）などのレアメタルというように、さまざまな金属が使われている。一方、ヒ素、ベリリウム、カドミウム、鉛、水銀などの有害物質も多い。したがって、ケータイのリサイクルには資源の有効利用と有害物質の適正処理という二つの視点が重要となる。

モバイル・リサイクル・ネットワークの回収対象となるのは、ケータイ本体、二次電池（充電できる電池）、充電器（ACアダプタと卓上ホルダー）の三種類。回収後、それぞれ分別・計量されたうえでリサイクル工場に搬入され、素材別にリサイクルされていく。家電リサイクル法で定められた四品目のリサイクルは製造メーカーが担当するが、ケータイでは通信事業者が担当する。

NTTドコモの場合、たとえば関東甲信越ブロックで集められた廃ケータイは、福井県敦賀《つるが》市にある日光敦賀リサイクルに搬入される。NTTドコモ全体では、二〇〇六年度に三五九万

台をリサイクルした。運び込まれたケータイは計量後、プラスチック製の筐体部分と基板などの中身とに手作業で分解される。

貴金属や銅を含む基板などは焼却後に粉砕されて、大分市にある日鉱金属佐賀関製錬所に送られ、焼却灰を強酸で溶かして電気分解し、銅が取り出される。さらに、残った沈殿物から、金、銀、白金、パラジウムなどが取り出される。そして、半導体や銅線などに生まれ変わる。また、一連のリサイクル工程で発生する焼却スラグは、コンクリート・セメントの原料として使用される。

ケータイ端末一台に含まれる貴金属の含有率は、金〇・〇三二％、銀〇・一〇三％、パラジウム〇・〇〇五四％と微々たるものだが、一トンのケータイ（ケータイ端末一台が一〇〇グラム前後なので、約一万台分に相当）からは、金三二〇グラム、銀一〇三〇グラム、パラジウム五四グラムが取り出せる。[5] 鉱山から金を採掘する場合は、三トンから一〇グラムが取り出せるにすぎない。しかも、自然破壊や環境汚染を伴う。廃ケータイからの貴金属回収は、資源の有効利用にとどまらず、自然環境保護の観点からも大いに意味があるのだ。

しかし、前述したように回収されるケータイの数は減り続けている。NTTドコモが設立したモバイル社会研究所は〇六年九月、一般消費者を対象にケータイのリサイクルについてのアンケートを実施。[6] リサイクル制度を利用しない、もしくは利用に消極的な理由を尋ねた。

すると、「個人情報の漏洩が気になるから」が五二・二％ともっとも多く、「電話帳やメール

等が移し替えられない可能性があるから」(三一・〇%)、「記念として持っていたい、コレクションしたいから」(三〇・六%)と、マイボイスコムやヤフージャパンニュースの調査と類似した結果が出ている。ケータイ各社のショップでは、回収する際に物理的に穴を開けて目の前で破壊し、消費者にも確認できるようになっているので、実際にはそうした不安はあたらない。にもかかわらず、消費者の認知度はそれほど高くない。

多くの資源を海外から輸入している日本。貴金属のみならずレアメタルをも含む大量の廃ケータイの再活用は、ますます大きな課題となるだろう。

## *3* 廃ケータイが汚染する中国の環境と人びとの健康

### 高額で販売される日本の中古ケータイ

日本で廃棄されたケータイは、どこへ行っているのだろうか。通信事業者や端末製造メーカーに聞いても、その答えは出てこない。だが、意外(人によっては意外ではないかもしれないが)なところで、日本で使われたであろうケータイ端末に出会うことができる。中国だ。

現在、日本で販売されている第三世代ケータイは、ＳＩＭカード(7)を利用するようになった。ただし、別の通信事業者の端末に入れても使うことができないように、いわゆるＳＩＭロック

中国には日本からケータイが集まってくる（広東省貴嶼鎮）

された状態で販売されている。ところが、業者に頼んで、専用のプログラムでロック部分をＳＩＭフリーのプログラムに書き換えてもらって解除すれば、日本のケータイ端末をそのまま海外で使える。

ＳＩＭロック解除されたり機種変更で使われなくなった、番号が入っていないケータイは〝白《しろ》ロム〟と呼ばれ、海外に転売する業者も出てきている。日中貿易の架け橋をうたうウェブサイトの売買情報コーナーを見ると、中国へ輸出するために中古・使用不能携帯電話を大量購入したいという書き込みがいくつもある。

実際、北京市にある家電中古市場の七彩大世界旧貨電器城では、二〇〇五年八月に日本で発売された比較的新しい機種の中古ケータイが二二〇〇〜二三〇〇元（三万三〇

〇〇～三万四五〇〇円)、古めの機種の中古ケータイでも一〇〇〇～一五〇〇元(一万五〇〇〇～二万二五〇〇円)前後で、それぞれ販売されていた(〇七年一一月)。日本では一円でも端末を入手できるわけだから、このように高額で売れるのであれば、日本で不要となった中古ケータイを中国に持ち込んで儲けようとする人間が出てくるのもうなずける。

日本では、個人がケータイ端末のSIMロックを解除すること自体は違法ではない。しかし、SIMロック解除したケータイを販売すると、〇六年八月に警視庁が摘発したように、商標法や不正競争防止法違反となる。[8] もっとも、削減(Reduce)、再使用(Reuse)、再生利用(Recycle)という、いわゆる3Rの優先順位を考えれば、中古の多機能ケータイ端末がリユースされるのは悪いことではないだろう。

図1　貴嶼と台州

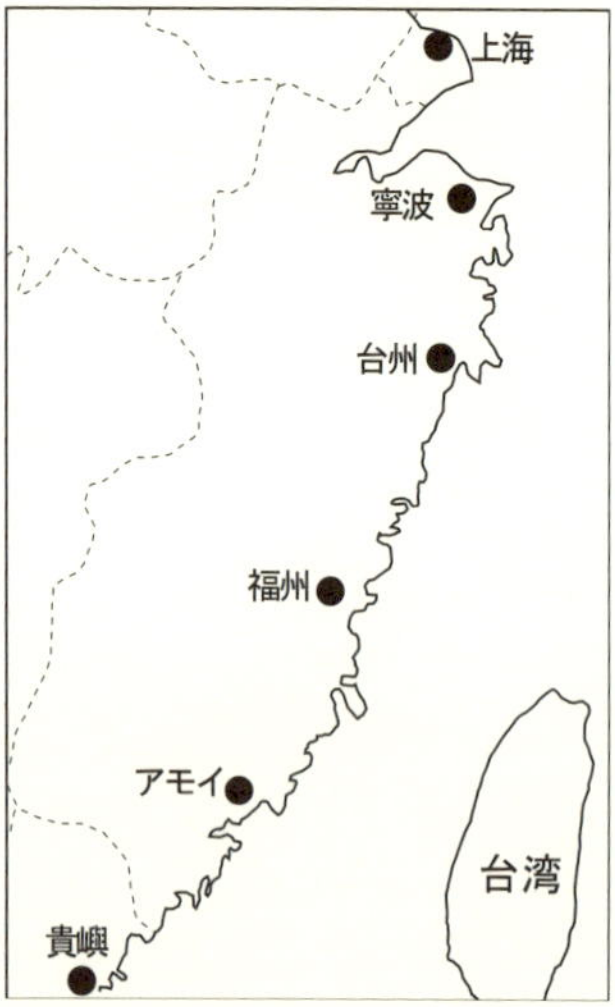


## 中古家電製品の輸入は違法

だが、海を越えて中国に渡った中古ケータイがすべてリユースされているかというと、そうではない。リサイクルにまわるものもある。広東省の貴嶼《グィユィ》鎮や浙江省の台州《タイチョウ》市(図1)には、廃ケータイをはじめ、使い終わって廃棄されたパソコン、テレビ、エアコンなどの

取りはずされたケータイの電子基板の山

家電製品が大量に持ち込まれている。こうした電気・電子廃棄物はE–wasteと呼ばれる。これらを材質別に解体・分別する細かい作業は人手が必要となるため、人件費の安い中国へ持ち込まれるのだ。

ただし、中国はE–wasteはおろか中古家電製品自体の輸入を禁止している。だから、貴嶼鎮や台州市で見られる海外からのE–wasteは、違法に持ち込まれたと考えるのが妥当だ。違法だから、E–wasteの種類や量、流入国を示す統計は存在していない。それゆえ、日本から排出されたケータイの行方にしぼって追うことは残念ながら不可能だ。

また、日本ではリサイクルといえば、「環境にやさしい」とほぼ同義に使われる場合が多い。しかし、中国におけるケータイのリサイクルは、環境にやさしいどころか、

図2　貴嶼鎮における廃ケータイのリサイクル工程

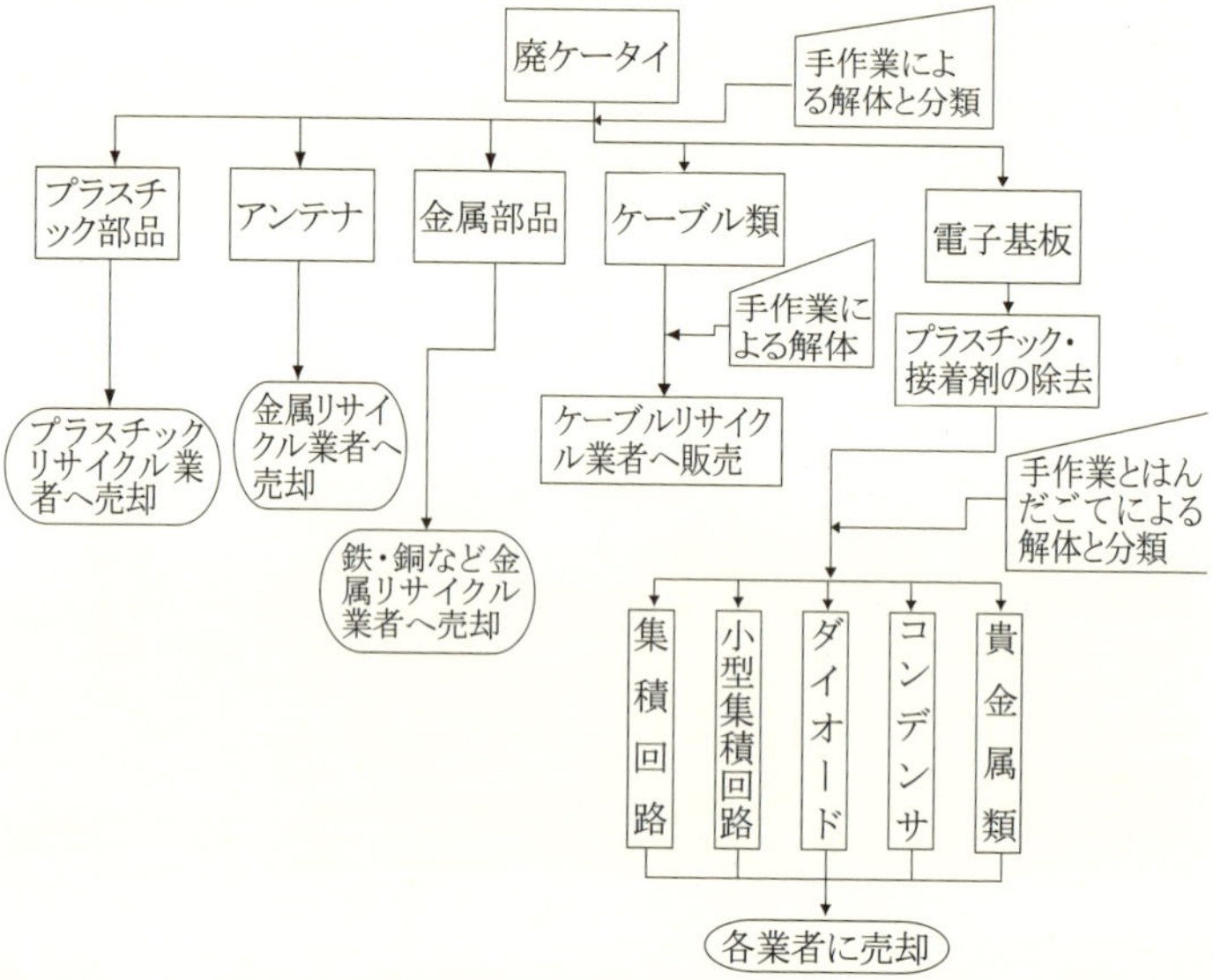


（出典）グリーンピース中国提供資料より筆者作成。

環境を汚染し、健康に被害を与える深刻な問題を含んでいるケースがある。

## 基幹産業はE-wasteのリサイクル

以下では、日本を含む海外から中国に持ち込まれたケータイがどのようにリサイクルされているかを、貴嶼鎮の事例で見てみよう（図2）。

貴嶼鎮は、E-wasteのリサイクル（分解・回収事業）を基幹産業とすることで世界的に有名となった面積約五〇㎢の村だ。もともと農業に適さない土地で、二〇世紀初頭から鴨などの羽毛、くず鉄、銅などの回収を生業とする人が多かったという。一九八〇年代末に廃家電製品の解体作業が始まった。九〇年代後半に入って海外から大量に運び込

小さな基板から部品を取りはずす。非常に細かい作業だ

まれるようになると、わずかな農地の耕作も放棄され、住民の約八割が解体業に従事する、中国最大規模のE-wasteリサイクル基地へと変貌をとげた。しかし、大量にリサイクルされる過程で発生する化学物質が、深刻な環境汚染と健康被害をもたらしている。

パソコンやテレビの場合は、解体・リサイクルする部品に応じて屋外作業もあるが、小さなケータイは工房内ですべての作業が行われる。ある工房の広さは約一三〇㎡で、二〇～三〇代の既婚女性を中心に約二〇名が働く。工房にケータイが運び込まれる段階で、充電池（二次電池）は取りはずされている。充電池がどの段階で取りはずされて、どこにいっているかは、現地の様子に詳しい中国の環境ＮＧＯのスタッフにもよくわ

部品や金属ごとに袋に小分けされて、市場で販売される

からないという。

ケータイは、人手によって徹底的に素材別に分解される。筐体のプラスチック部品、アンテナ、内部の金属部品、ケーブル類、電子基板の五つだ。

ケータイが運び込まれた工房では、電子基板の解体作業が中心に行われる。初めに、電子基板からプラスチックと接着剤を取り除く。続いて、ドリルのついた作業机に座り、ピンセットを片手に、ドリルで基板に穴を開けたり、はんだごてではんだを溶かしつつ、集積回路、小型集積回路、ダイオード、コンデンサなどの部品類を取りはずす。あわせて、金の含まれたピンなどの貴金属も回収する。この作業はピンセットを使った非常に細かい作業だ。

こうした部品や貴金属類は、作業机のま

ケータイを分解する工房。手前の扇風機は有害な気体を拡散するためだという

わりに並べられたカップに、種類ごとに分別される。そして小さなビニール袋に小分けされ、貴嶼鎮の隣の陳店鎮《チエンティン》にある市場で、買い付けに来る企業に販売される。

### 発ガンの危険性や土壌・水質汚染

現在、日本の市場で販売されている家電製品には、人体に有害な鉛を含有しない「鉛フリーはんだ」が使われているが、古い製品のはんだには鉛が含まれている。はんだを溶かす工程で発生する有害な気体を吸い込まないようにと、扇風機や換気扇が作業場に設置されてはいる。だが、それは気体めにしかならない。

基本的に取りはずすだけでいいプラスチック部品、アンテナ、金属部品、ケーブル類は、それぞれ専門のリサイクル業者に販売

される。これらは、販売先でどうなるのだろうか。

ケータイを分解した工房からリサイクル業者が買ったプラスチックが集まる工房では、さまざまな製品の破片が混ざったプラスチックをＡＢＳ樹脂やポリプロピレンなどの素材別に分別する。分別に際しては、ライターで一部を溶かして、その臭いで材質を判別する方法などがとられている。こうして人手で素材別に徹底的に分別された後、粉砕するか低温で溶かしてプラスチック粒などの低質プラスチックに加工され、造花やおもちゃなどに再利用される。

リサイクルに不適当な廃プラスチックは廃棄物として焼却され、焼却後の残渣は放置される。臭素系難燃剤が含有されるプラスチックが焼却された場合には、臭素化ダイオキシンが発生する。この工程では、ダイオキシンや急性毒性が強い多環式芳香族炭化水素（ＰＡＨ：Polycyclic Aromatic Hydrocarbon）によるガンや呼吸器疾患の危険性が否めない。私が目にしたプラスチックの分別現場はおもに女性によって担われ、廃プラスチックの山に囲まれたところに住居もあった。発生する有害な気体によって、彼女たちの子どもが健康を害する危険性は、きわめて高い。

金属部品から貴金属を抽出するには、硝酸液と王水[9]が利用される。各種金属を含んだ部品を六五％の硝酸液に入れると、硝酸と反応しやすい物質が溶解し、残された不溶物、金、銀、パラジウムが沈殿する。さらに、その沈殿物を王水と反応させて、金、銀、パラジウムを抽出する。ここでは二〇以上の工程があり、使用済み王水の交換は六回以上行われる。使用済みの強酸の廃液は無処理で空き地に投棄され、深刻な土壌や水質の汚染を引き起こしてきた。

ケーブル類を処理する工房では、太いケーブルは専用金属カッターで切開して、銅芯と絶縁材料とする被覆(塩ビ)を回収し、細いケーブルは焼却して被覆を燃やし、銅線を回収する。この工程で発生する煙も、ＰＡＨを含んでいる。

### 子どもたちの多くに鉛中毒

こうしたケータイをはじめとするE–wasteのリサイクルの実態は、有害廃棄物の越境移動の監視などに取り組む国際ＮＧＯのバーゼル・アクション・ネットワーク(ＢＡＮ)やグリーンピースによって〇二年に広く紹介されて以降、海外のメディアで頻繁に報道されてきた。そこで、貴嶼鎮と並ぶリサイクル基地となっている浙江省台州市では地方政府が取り締まりを強化。以前のように屋外で堂々E–wasteを処理することはなく、屋内で隠れて作業が行われているという。

現地の人の話では、外部の人間が訪れたという情報が広まると、すべての作業場が門を閉ざすらしい。私が訪れた台州市近郊では、市街地からかなり離れた山中の商店の中庭で、密かに基板から部品を取りはずしていた。

E–wasteによる汚染の実態を示すデータは、それほど多くない。グリーンピース中国が発行した冊子によると、貴嶼鎮の一～六歳児一六五名の血中鉛濃度を検査した結果、平均値は一五三・〇±五七・九㎍/ℓで、八一・八%が鉛中毒(一〇〇㎍/ℓ以上)であることがわかったという(10)。

鉛中毒では、鉛の濃度が高い場合に急性脳障害が起こり、同時に嘔吐、千鳥足、末梢神経障

害、けいれん、昏睡をもたらす。仮に鉛の濃度が低かったとしても、知能指数の低下を引き起こすと考えられている。このほか、貧血、激しい過敏性、食欲と活力の低下などを引き起こす可能性もある。鉛中毒は成長期にある子どもにとって深刻な問題だ。

下着製造業を主産業とする陳店鎮の同年代の子どもの場合も、平均血中濃度値は九九・四±四〇・五μg/ℓで、鉛中毒の割合は三七・三%であった。E–waste のリサイクルが生み出す環境汚染は、すでに許容量を超えて、子どもたちの健康を害する段階に達しているのである。

## 韓国の廃ケータイも中国へ

E–waste を中国に押し付けているのは、日本だけではない。韓国の状況も、日本と非常によく似ている。韓国最大の環境NGO韓国環境運動連合によると、SKT、LGテレコム、KTFの三つの通信事業者の過熱競争により、サムスン電子、LG電子、ペンタックなどが年間平均一二〇〇万台のケータイを製造する一方、一五〇〇万台が廃棄されているという。

日本と異なり、韓国では〇五年からケータイが生産者責任制度の対象とされ、製造メーカーが回収責任を負うようになった(11)。ただ、義務付けられた回収比率はわずか一六・五%にすぎず、中古ケータイの再利用率は微々たる状況だ。韓国環境運動連合は、現行制度がリサイクルだけを対象としてリユースを考慮していないうえに、ケータイ市場を握っている通信事業者に対して回収責任を課す法的根拠がないことが、使用済みケータイがどんどん廃棄される原因だと指

摘。同時に、中国で起きている環境問題と健康破壊は韓国の問題でもあると訴えてきた。

そして、〇七年七月から廃ケータイの回収キャンペーンを始めた。開始時には、中国へ輸出される前の廃ケータイを買い付け、二・五トントラック一台分を、ケータイ行政に責任をもつ政府機関である情報通信部前でぶちまけるパフォーマンスを繰り広げるなど、国民的関心を高める活動を広げている。

日本人も韓国人も、深く考えずにケータイやパソコンを廃棄してきた。その結果、中国の環境汚染と人びとの健康被害に加担しているという重大な事実を深刻に受けとめる必要がある。

## 4　廃ケータイの汚染防止に向けた取り組み

### バーゼル条約の遵守と規制の強化

ケータイをはじめとするE-wasteがもたらす環境問題を解決するために、国際的な取り組みがスタートしている。

有害廃棄物の国境を越えた移動を規制する国際的な枠組みに、一九九二年に発効したバーゼル条約(有害廃棄物の国境を越える移動及びその処分の規制に関するバーゼル条約)がある(日本は九三年に批准)。この条約では、国内の廃棄物の発生抑制と国内処理を原則とし、特定の有害廃棄

物の自由な国境を越えた移動が禁止された。ケータイやパソコンの基板、テレビのブラウン管などに含まれる鉛や水銀などの有害物質は規制の対象で、輸入国側政府の書面による同意が必要となる。ただし、その同意があれば輸出できる。また、中古家電製品は規制の対象外である。

中国の場合はすでに述べたように、中古家電製品の輸入自体が禁止されている。したがって、国内法が遵守されれば、国境を越えた移動が起こるはずはない。そして一般的には、中古家電製品として偽装輸出される廃家電製品の規制をどう行なっていくかが、大きな鍵となる。

九二年以降、バーゼル条約締約国が集まる会議が二年に一回開かれている。二〇〇六年一一月の第八回締約国会議（ケニア・ナイロビ）ではE–waste問題が焦点となり、終了時に「E–waste問題解決に向けてのナイロビ宣言[12]」が採択された。そこでは、緊急の行動を必要とする深刻な課題であるという共通認識のもと、「適切な処理のための国の包括的行動の推奨、自治体・NGO・市民の協力によるE–wasteが引き起こす汚染を削減するための統合廃棄物管理の促進」などが謳われている。

また、バーゼル条約事務局のパートナーシッププログラムとして、中古・廃棄ケータイの環境調和マネジメントに関するガイドライン[13]も提案された。そこには、以下のようなケータイの越境移動に関する内容も含まれており、不適正なリサイクルにつながる輸出の抑制に寄与することが期待される[14]。

①使用可能かどうか確認し、輸出先でそのままリユースされる中古品は新品と同様に扱う。

②確認されずに輸出されるものは、条約にのっとった相手国への事前通知の対象とする。
③輸出先で修理されることがわかり、かつ修理後に捨てられる部品に有害物質が含まれていれば、事前通知の対象とする。
④輸出先で修理されることがわかったとしても、修理後に捨てられる部品に有害物質が含まれていなければ、事前通知の対象外とする。

## 課題の多い国際リサイクル

ただし、リユースして大切に使ったとしても、いずれは壊れて使えなくなる。中古ケータイを輸入したすべての国で、適切なリサイクルができるわけではない。したがって、不適正なリサイクルと適正なリユースの線引きをしても、リユースした中古ケータイが数年後に不適正なリサイクルにまわることは大いにありうる。

そこで、アジア各国で適正なリユース・リサイクルのできないケータイを日本に運んで、リサイクルしようという動きがある。日本のDOWAエコシステム、バーゼル条約事務局、環境省の三者が〇六年一一月に合意したプロジェクトだ。タイ、マレーシア、シンガポールの東南アジア三カ国で回収した廃ケータイを日本に輸入して、DOWAエコシステムの製錬所でリサイクルするという計画だった。

ところが、現地事前調査の結果、三カ国とも廃ケータイの回収が困難で、リサイクルの実現

は困難なことが判明した[15]。各国に日本と同じくケータイに関するリサイクル関連法がなく、リユースという名目で海外に流れるものを把握できないためだという。こうした前向きの取り組みを軌道にのせるためにも、各国の法制の整備が不可欠だ。

## 国際機関の取り組みStEPイニシアチブ

国連機関などでも取り組みが始まっている。E–waste問題の解決という英語の頭文字をとって、StEP(Solving the E–waste Problem)イニシアチブ[16]と名づけられたプロジェクトだ。国連大学、国連環境計画(UNEP)、国連貿易開発会議(UNCTAD)を中心に、ヒューレット・パッカード、マイクロソフト、デル、エリクソン、フィリップス、シスコシステムズなど欧米の大手ハイテクメーカー、学術機関、アメリカ環境保護庁などが創立メンバーとして参加し、〇七年三月に発足した。

その主要目標は、E–wasteを解体して最大限の回収を行い、回収された物質を管理するために世界的な統一指針をつくるというものだ。国連事務次長で国連大学学長のハンス・ファン・ヒンケル氏は、こう語っている。

「電子廃棄物の急増によって引き起こされる資源、健康、環境の問題に取り組む必要があるのは明らかで、いままさにそのチャンスが与えられているのです。拡大しつつあるこの世界的な問題を縮小させるため、StEPイニシアチブが政府、企業、消費者の三者に同様の方向性を

示すものになることを願っています[17]」

影響力の大きな大手ハイテクメーカーが国際機関と協力して動き出したのだから、解決に近づくことが期待はされる。とはいえ、すでに発生している環境汚染や健康被害の防止よりも、資源回収のほうに力点が置かれているのが、大いに気にかかる。

事実、ＳｔＥＰにはアメリカとドイツから三つのＮＧＯが参加しているが、E–waste 問題に長年取り組んできたバーゼル・アクション・ネットワークは参加を見送った。そして、発足当日に、「透明性と E–waste 貿易の告発を欠いたＳｔＥＰプログラムに関する声明[18]」を発表。ＳｔＥＰイニシアチブによる国際的なリサイクル体制の構築が、かえって中国などへの E–waste の移動を助長する懸念をはじめ、九つの問題点を指摘した。

「われわれはＳｔＥＰに参加したい旨を申し出、同時に、途上国における電子廃棄物問題について取り上げている組織がなぜ参加していないのかについて問うたところ、参加が認められなかった。ＳｔＥＰに参加を希望するＮＧＯは、創設メンバーの承認を受け、なおかつ二〇〇〇ユーロ（約三二万円）の会費を払わなければいけない。これでは開かれているとは言えず、関心のある団体を締め出すように設計されたかと思われる」

〇七年三月に東京で開催されたＳｔＥＰのワークショップでは、中国のプロジェクトのパイロット事業で、手作業による資源回収でかなりの成果を上げたという報告がされた。しかし、中古家電製品や E–waste の輸入が禁止されている現在でさえ、貴嶼鎮などで深刻な問題を引き起

こしている。国際リサイクルという名目でE–wasteの中国への輸入が合法化されると、より多くの電子廃棄物が危険な解体作業現場に流れ込むことも懸念される。今後も、ＳｔＥＰイニシアチブの動向の監視がＮＧＯに求められるだろう。

### 実態の解明とリサイクル法制の整備

では、この問題を解決していくにはどうすればいいのだろうか。再生資源や中古家電の国際循環に詳しいアジア経済研究所の小島道一氏に聞いた。

「まず、使用済みのケータイが輸出されるまでの流通過程を明らかにすることです。どんな業者がどのように集めているかもわからない状況では、適切な規制方法を考えられません。また、途上国で廃棄されるケータイやバッテリーなどの付属品もかなりの量にのぼっているとみられます。途上国で適切なリサイクルが行われる仕組みづくりの支援も必要でしょう」

私たちがケータイをはじめとする廃家電製品による環境汚染と健康被害に加担せず、限りある資源を有効に使う循環型社会をつくっていくためには、使用しているケータイを長持ちさせることだ。そして、機種変更などで不要になったケータイがあれば、モバイル・リサイクル・ネットワークの回収に出すことである。とはいえ、企業や消費者による自発的な取り組みだけでは回収実績はあがらない。ケータイのリサイクルに関する法制の整備こそが、もっとも必要とされている。

（1）社団法人電子情報技術産業協会発表。http://www.jeita.or.jp/japanese/stat/cellular/2006/index.htm
（2）総務省情報通信統計データベース「携帯・PHSの加入契約数の推移」。http://www.johotsusintokei.soumu.go.jp/field/date/gt 01020101.xls
（3）マイボイスコム定期アンケート「携帯電話、PHSのリサイクル」。http://www.myvoice.co.jp/biz/surveys/10601/index.html
（4）二〇〇八年三月現在、ケータイの販売店に顧客へのリサイクル情報の説明を義務付ける資源有効利用促進法の改正が予定されている。
（5）「携帯電話リサイクル～横浜金属の取り組み」『日刊市況通信マンスリー新春特集号』二〇〇八年一月一日。
（6）http://www.moba-ken.jp/kennkyuu/chousa/2006/research 06_06/eco_2006 enquete.pdf
（7）SIMカード（Subscriber Identity Module Card）は、ケータイで使われている電話番号を特定するための固有のID番号が記録されたICカード。新しい端末に入れれば、端末が変わっても同じ電話番号が利用できる。日本の場合は、同じ通信事業者の間のみで使用可能。
（8）総務省の「モバイルビジネス研究会」では、「二〇一〇年の時点で市場実態を踏まえ、最終的に結論を得ることが望ましい。その際、基本的にはSIMロック解除を法制的に義務付ける方向で検討を行うことが適当である」という主旨の報告書案をまとめている。http://www.soumu.go.jp/joho_tsusin/policyreports/chousa/mobile/pdf/070918_si 10_1.pdf
（9）濃塩酸と濃硝酸とを三対一の体積比で混合した液体。酸化力が強く、通常の酸には溶けない金や白金などの貴金属も溶解できる。

（10）グリーンピース中国編『汕頭・貴嶼電子ごみ分解業の人類学調査報告』二〇〇三年。

（11）生産者の責任で使用済み家電製品の回収・リサイクルが行われる制度で、二〇〇三年からスタートした。〇八年一月からは、「自動車及び電気・電子機器に対する資源循環法」が新たに施行されている。同法では、生産者責任制度をもとに、製造業者などにリサイクルの実施義務を課すとともに、有害物質の使用制限、リサイクルの容易な製品の設計、リサイクルの情報提供、回収処理・リサイクル実績の報告などを新たに義務付けた。なお、リサイクル費用は製造業者、買い換えの際の収集運搬費用は小売業者が負担（小売業者が無料引き取り）する。

（12）http://ban.org/cop8/CRP 24.pdf

（13）Guidance document on the environmentally sound management of used and end-of-life mobile phones. http://www.basel.int/meetings/cop/cop8/docs/02a3e.pdf

（14）小島道一「国際資源循環と中古品貿易——耐久消費財を中心に」『平成一八年度廃棄物処理等科学研究 研究報告書 アジア地域におけるリサイクルの実態と国際資源循環の管理・三R政策』日本貿易振興機構アジア経済研究所、二〇〇七年。

（15）http://www.basel.int/techmatters/e_wastes/Report_DOWA_PJ.pdf

（16）http://www.step-initiative.org/

（17）http://www.step-initiative.org/getfile.php?id=63&file_id=2

（18）http://www.ban.org/ban_news/2007/070307_refusal_to_denounce.html

※写真を提供していただいたグリーンピース中国に感謝いたします。

第5章

# ケータイと若者の恋愛・社会参加との奇妙な関係

羽渕 一代

## *1* ケータイは電話ではない

### ケータイと若者文化

「ケータイこそがマルチメディアである」と携帯電話の普及初期に指摘されていたとおり[1]、この軽量で安価な機器は現在、Windows 95以上の能力をもつに至った。もちろん、ケータイは電話の用途も十分に果たしている。だが、それに加えて、ケータイの小さな画面でテレビ地上波を鑑賞し、マンガや小説を読み、電話とは似ても似つかないメディアとして利用することも珍しくはなくなった。総務省の通信利用動向調査によれば、若者のケータイによるインターネット利用は二〇〇三年から徐々に増加し、〇六年では六~一二歳で三七・一%、一三~一九歳が七四・一%と報告されている[2]。

日本におけるケータイ普及の立て役者は若者である。現在も新しい機能の楽しみ方や新しい利用法は、若者文化のなかに観察されることが多い。したがって、若者が将来社会を映し出す鏡として扱われるのと同じ文脈で、ケータイの利用にかかわる研究は、この多重的な機能が私たちの行動にどのような影響を及ぼしていくのか、また、利用者がどのような社会を創造していくのかといった点に課題が見いだせる。

ひるがえって、なぜケータイは若者との関連で読み解かれるようになったのだろうか。そもそもビジネスマンの道具として導入されたメディアである携帯電話が、若者のイメージと重ね合わされ、「若者の問題」として社会問題化された歴史について最初に確認する。そのうえで、本章では、筆者を含む youth culture 研究会が行なった「若者の文化と社会意識に関する調査」結果[3]をもとに、若者のケータイをつうじたインターネットの利用と社会参加、社会意識について明らかにしていく。

## 携帯電話からケータイへ

まず、携帯電話の歴史を簡単におさらいしておこう。日本の携帯電話の端緒は一九五三年の港湾電話（船舶内で利用される電話）に始まる[4]。その三年後に列車公衆電話が利用可能となり、携帯電話の初期モデルが七〇年の大阪万博で発表され、七九年に自動車電話サービスが開始された。これが携帯電話の前史である。そして、八七年に現在の携帯電話サービスが始まった。

少々、違和感のある記述にならざるをえないが、この歴史のなかで、旧来的な意味の携帯電話がカタカナで表記されるケータイへと質的変化を遂げたのはいつなのだろうか。

その変化の時期は、メール機能の利用が可能となってからだと仮定できる。現代の若者たちのケータイ利用は、電話機能であるおしゃべりよりもメールを打っている姿のほうが日常的である。マルチメディアとしてのケータイという意味を鑑みれば、コミュニケーション・メディ

『彼女が死んじゃった』（第１巻）

アのモードが単一ではなくなった[5]時点からケータイと呼ぶことには妥当性がある。

『彼女が死んじゃった』（一色仲幸著、おかざき真里イラスト、集英社、二〇〇〇年）というマンガは、ゆかりという女の子が自殺した後、彼女のケータイに登録された電話番号から交友関係をあたり、自殺の理由を探るというストーリーだ。ここでは、ケータイが手帳として扱われている。

九七年に『ポケベル・ケータイ主義！』を執筆したメディア研究者らは、その当時から携帯電話ではなく、ケータイと呼称していた。この本のなかで、岡田朋之は電話番号のメモリ機能の利用にマルチメディアとしてのケータイを予見したのである。ケータイには、電話と手帳がメディアのモードとして装備されていた。その後に松田美佐が岡田の予見に言及し、ケータイという呼称はその後の移動電話（モバイルフォン）の発展を暗示していたのだと述べている。[6] この

論考を参考にし、あわせて九六年のメールサービス開始後、九八年にかけての爆発的な普及から、メールの利用をもってケータイが名実ともに誕生したと考えることが妥当である。

そして、ＮＴＴドコモが九九年にi-modeサービスを開始し、現在のケータイ・インターネット利用の一般化に至る。総務省の二〇〇五年通信利用動向調査によれば、携帯電話・ＰＨＳおよび携帯情報端末からのインターネット利用者は約七〇八六万人となっており、インターネット利用者全体の八割を超える。利用状況においても、一三〜一九歳の利用者層の六割は毎日ケータイ・インターネットを利用している。おもな利用内容はメールであり、若者たちは一日数十通のメールを交換する。

こうして、近年の若者の生活時間のなかに「メール」という時間が登場した[7]。一方で、ケータイが登場するまで観察されていた長電話という娯楽は、最近の若者にとってそれほどポピュラーな行動ではない。つまり、ケータイは若者にとって、電話という単一のモードしかもたないメディアではなく、電話であり、電話帳であり、メール機であり、スケジュール帳であり、時計、カレンダーというメディア複合機、つまりマルチメディアとなったのである。

## 2　若者とケータイのマッチング

若者層の利用が顕著であることをもって、若者とケータイ・インターネット利用との符合がイメージされ、問題化されてきた歴史がある。たとえば、「若者の人間関係が希薄化しているのは、ケータイなどの新しいメディア利用と相関しているのではないか」と指摘されることが一般的に多い。実証的研究では、若者の人間関係が希薄であるとはいえないと報告されてきた[8]。しかし、研究者の地道な調査結果が積み上げられようとも、一般的なイメージはなかなかくつがえらない。

このような問題化は、旧来的な常識であった「本来、電話は用件を伝えるモノである」という思い込みに由来する。ケータイはただの電話ではないが、電話を発明の前史にもつため、電話としてのイメージが強い。したがって、若者層の電話のプライベート利用に対する嫌悪感の醸成という前史が、ケータイ利用の胡散臭さを下支えしている。ケータイ利用の主目的は、プライベートで友人や恋人とコミュニケーションを図るためのものである。とくにケータイ・インターネットの利用場所は家が多く、学校や仕事場で利用する若者は少ない[9]。

こうした電話にかかわる言説は、若者バッシングの目的のためにおとなたちだけが構成して

きたわけではない。利用している若者たちも、新しいメディアを利用することに後ろめたさを感じていないわけではなかった。一九九八年に渋谷(東京)とミナミ(大阪)で行なった街頭調査において、次のような語りがみられた[10](名前は仮名)。

健太さん(東京、男性、二二歳)

――ケータイを持って、遊び方とか生活とか変わりました?

健太　ケータイを持って?

――人と会うことが多くなったとか?

健太　人との関係が薄くなった気がする。

――えっ?　どんなふうに?

健太　これで簡単にすませられるから、あまり好きじゃない。ぼくは。これがあることによって、なんかわざわざこう会って伝えたりとかしてたのを、簡単にこれ、だから着信とかもいま名前がでたりするから、イヤだったら切れたりとかするじゃないですか。自分のなかでイヤな人は切っちゃってるから、そういうなんか、あんまりよくないいんじゃないかなっていう不安が増えるというか。

香織さん(大阪、女性、一五歳)

――生活のほうがね、遊んだりとかそういうことが変わったりした？　ケータイ持って。
香織　うーん、なんか遊び方が悪くなりましたね。
――悪くなった？
香織　ずっと真面目だったんですよ。私ね、うん。なんか、こうやってここ（ミナミの繁華街の中心的な場所である三角公園）座ったりとか、なんか知らない友だちとかできたりとか、なんか電話番号一つで。家の親が通じないじゃないですか、ケータイって。親通さないから、いろんな友だちが増えましたね。

このように、普及初期において、ケータイを利用している当人の若者にも、不安感や一抹の罪悪感という意識があったようである。うがった見方をすれば、法律的逸脱をしているわけではないが、ちょっと後ろめたさを伴うという普及期におけるメディアイメージの特徴によって、ケータイ普及を若者が牽引した理由だったのかもしれない。
また、これらの語りから、現実はどうあれ、ケータイが親密な人間関係のありようを変容させる道具だという意識を利用者がもっていることがわかる。香織さんの事例にみられるように、固定電話は社会におけるルールを訓練する家庭で利用するメディアであり、子どもの社会関係の形成においては、親という関所が機能していた。ケータイの登場により、電話は完全に個人のものとなり、若者は人間関係を他者の介入なしにコントロールできるようになったのである。

ケータイは、電話機と利用者の一対一対応をより強化したメディアである。このパーソナル利用が、これまでの電話利用のプライベート化をさらに加速させた。集団的利用から個人的な利用へ。用件電話からおしゃべり電話へ。この二つの利用行動の変容が、ケータイというメディアを理解するための歴史的変遷である。そして、メディア利用の個人化、プライベート化をもっとも強く欲求したのは若者層だった。

こうしたケータイ利用のプライベート化に対する社会的いらだちをベースにして、ケータイの新奇さと若者に対する社会的バッシングの決まり文句によって、若者とケータイの関連が社会問題化する。[11] この状況はまさに「『青年論』と『メディア論』の不幸な結婚」である。[12] 社会に対して新しい人間である若者と新しいメディアであるケータイが、因果関係について精査されることなく親和性を強調されてきたのである。

## 3　ケータイ・インターネットとパソコンを媒体とするインターネット

ケータイと同時期に普及したインターネットは当初、新たな民主主義社会の可能性を拓く道具としての期待が高かった。現在でも、NPOやNGOの活動にインターネットを役立てているとその萌芽を主張する研究者も多い。ただし、インターネットの利用と一口に言っても、媒

体によって差異がある。それをどのように考えるべきなのだろうか。

ケータイとパソコンというメディアの特性によって、異なる影響が考えられる。インターネットの利用パターンを分析した小林哲郎と池田謙一は、ケータイメールだけを利用する層は、パソコンを利用したメールを利用する層と比較して学歴が低く、ケータイ・インターネットの特性から多対多の組織的・集団的利用ができないと指摘している。そして、この含意を彼らは次のように述べる。

「携帯メール利用は私生活志向を高める効果があることが明らかになった。私生活志向は社会的領域からの退避を意味する。民主主義が成員の社会参加や政治参加を基礎とするシステムであることを考えれば、個人レベルでの私生活志向が民主主義システムの円滑な運用にマイナスの効果を持つ可能性は否定できない。(中略)コミュニケーションの相手が同質性の高い他者に偏ることは、たとえば自分とは異なる他者とのコミュニケーションをとる機会を減少させ、社会的な存在としての利害の調整や集合的な問題解決への関わりを妨げる可能性がある(13)」

ここで私生活志向と指摘されている現象は、既知の狭い世界のなかのみの人間関係で満足し、付き合いを拡げる志向がないことを指す。しかし、小林らの分析結果からそのように結論づけるには無理がある。したがって、彼らも可能性を示唆するというニュアンスで、ケータイ利用と私生活志向の親和性が社会的関心や政治的関心の低下と関連づけて論じられている。また、爆発的普及の続いていた一九九九年に筆者を含む岡田朋之らが行なった大学生調査においても、

この小林らの提出した「ケータイメールの利用が私生活志向を高める」という仮説を支持する結果がみられている(14)。ただし、岡田らの調査では、社会的関心や政治的関心についての分析はなく、親密性を高めるメディアとしてケータイを分析しているのみにとどまる。

だが、私生活志向と社会的関心や政治的関心は本当に相反するものなのだろうか。

## 4　若者の社会的・政治的行動と政治意識

### 若者の社会的・政治的行動

「若者の社会参加や政治的関心の低さについて憂慮する声がない時代などあったのだろうか」と疑いたくなるほど、選挙のたびにもっともらしい決まり文句が繰り返される。日本では一九七〇年代から、この状況が一貫して続いている。まず、若者の政治意識、社会意識が現在どのようなものであるか、youth culture 研究会が二〇〇七年に行なった調査からその概要を確認しておこう(15)。

この調査は、東京都杉並区在住の一六～二九歳の若者に趣味、人間関係、自己意識、政治意識、社会参加などを質問したものである。このうち二〇代の政治参加についてみると、〇七年七月に行われた参議院選挙の投票率は六一・三％であった。全体の投票率が五八・六％であっ

図1　社会・政治運動のために署名したことがあるか

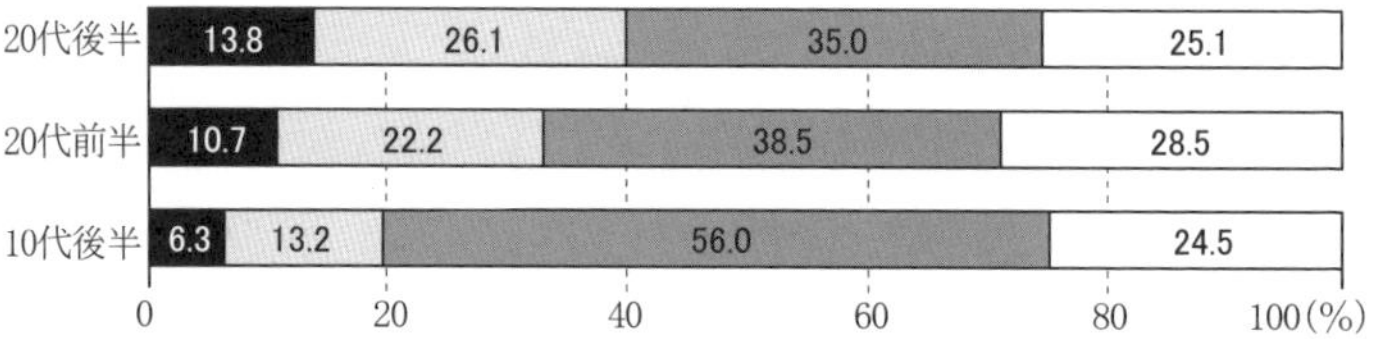


(注) ■過去1年間にしたことがある。▒過去1年間にしたことはないが、もっと前にしたことがある。■いままでしたことはないが、今後するかもしれない。□いままでしたことがないし、今後もするつもりはない。

(出典) Asano, T., Iwata, K. and Habuchi, I., Civic attitudes developed in the free time activity groups of Japanese youth, Ⅷ International Conference on Asian Youth and Childhoods 2007, Lucknow; India, 2007.

図2　政治的・道徳的・環境保護的な理由で、ある商品を買うのを拒否したり、意図的に買ったりしたことがあるか

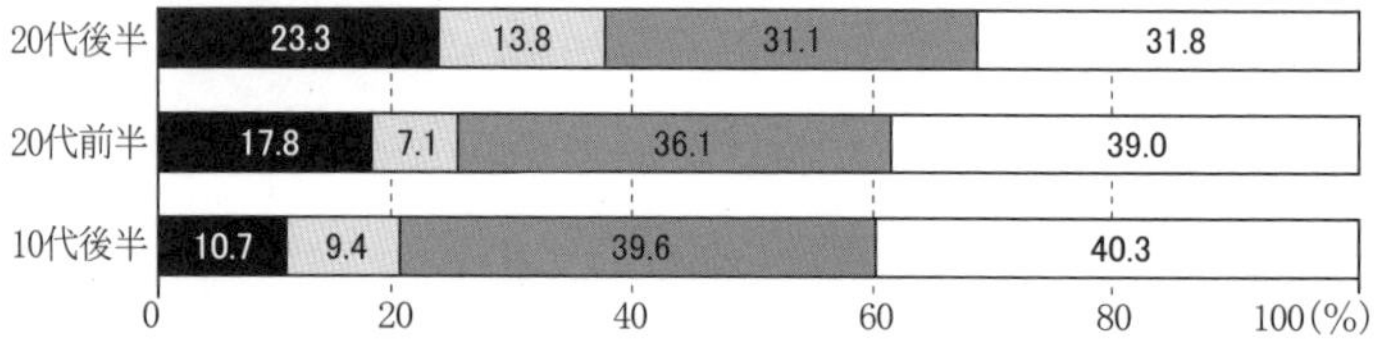


(注) ■過去1年間にしたことがある。▒過去1年間にしたことはないが、もっと前にしたことがある。■いままでしたことはないが、今後するかもしれない。□いままでしたことがないし、今後もするつもりはない。

(出典) 図1に同じ。

たことを鑑みると、決して低いわけではない。ここでは一〇代後半の世代も含めて、社会的・政治的行動を確認しておこう。

図1にみられるように、社会・政治運動のために署名をしたことのある若者の割合は、年齢が上がるにつれて高くなっている。ただし、署名したことがなく、今後もするつもりのない若者も、四人に一人はいる。

また、政治的・道徳的・環境保護的理由で、ある商品の購入を拒否したり積極的に購買したことがある若者

図3　デモに参加したことがあるか

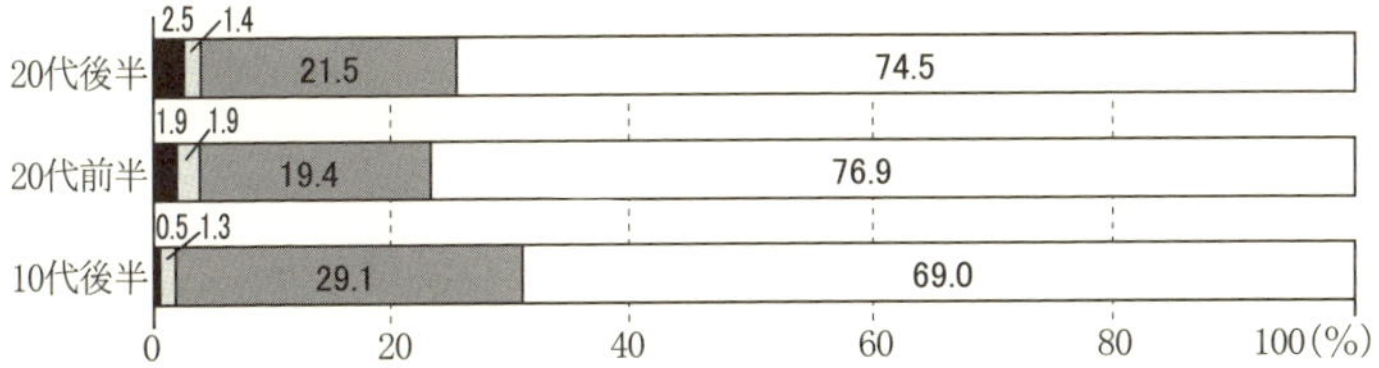


(注) ■過去1年間にしたことがある。▒過去1年間にしたことはないが、もっと前にしたことがある。■いままでしたことはないが、今後するかもしれない。□いままでしたことがないし、今後もするつもりはない。
(出典) 図1に同じ。

図4　社会的・政治的活動のために寄付や募金をしたことがあるか

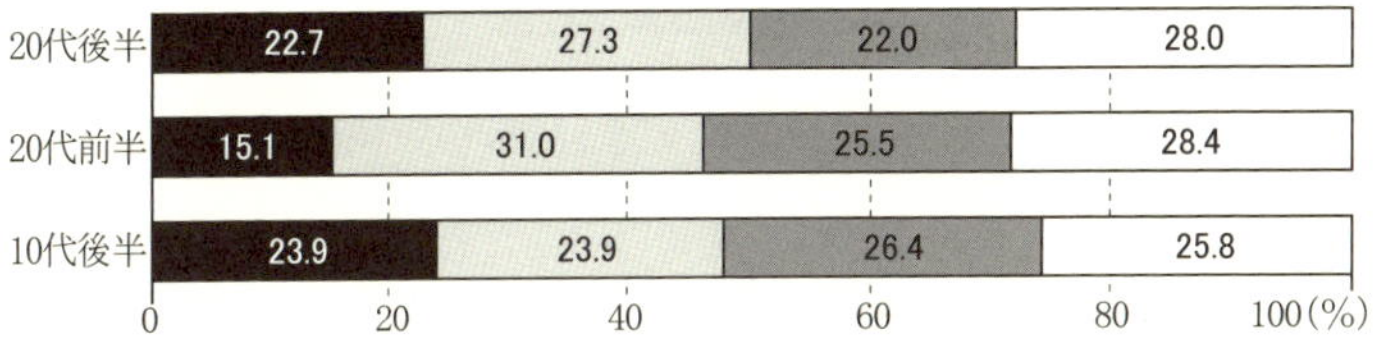


(注) ■過去1年間にしたことがある。▒過去1年間にしたことはないが、もっと前にしたことがある。■いままでしたことはないが、今後するかもしれない。□いままでしたことがないし、今後もするつもりはない。
(出典) 図1に同じ。

は約三〇％で、やはり年齢が上がるにつれて割合が高くなる(図2)。これに対して、「いままでしたことがないし、今後もするつもりはない」若者は三六・四％である。若者にとっては、署名よりもはっきりした意志を必要とする、敷居の高い行動だということがわかる。

さらに敷居の高い行動として、デモへの参加があげられる。経験者は三・四％ときわめて少なく、「いままでしたことがないし、今後もするつもりはない」若者は七四・二％だ。年齢との有意な相関はみられない(図3)。

その一方で、寄付や募金は半数近くの若者が経験している(図4)。

図５　インターネット上の日記で意見を表明したことがあるか

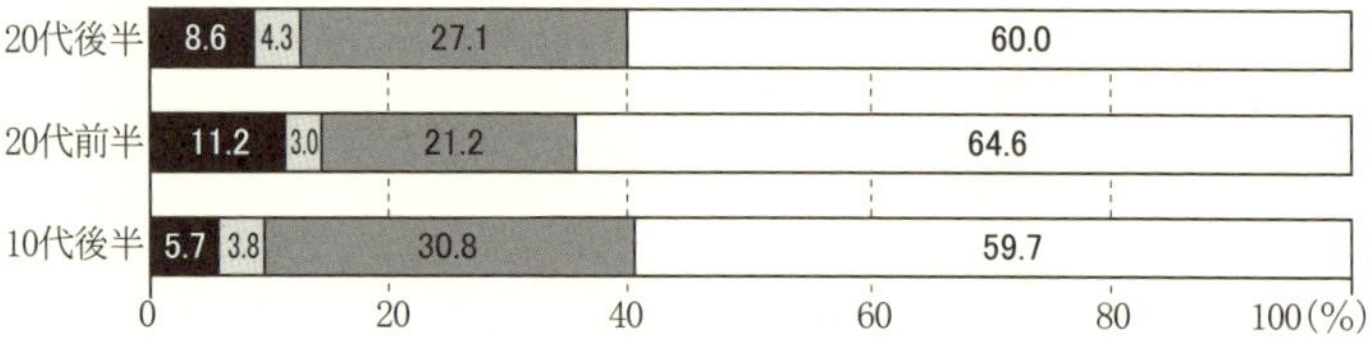


(注) ■過去１年間にしたことがある。■過去１年間にしたことはないが、もっと前にしたことがある。■いままでしたことはないが、今後するかもしれない。□いままでしたことがないし、今後もするつもりはない。
(出典) 図１に同じ。

図６　政治に対する意識

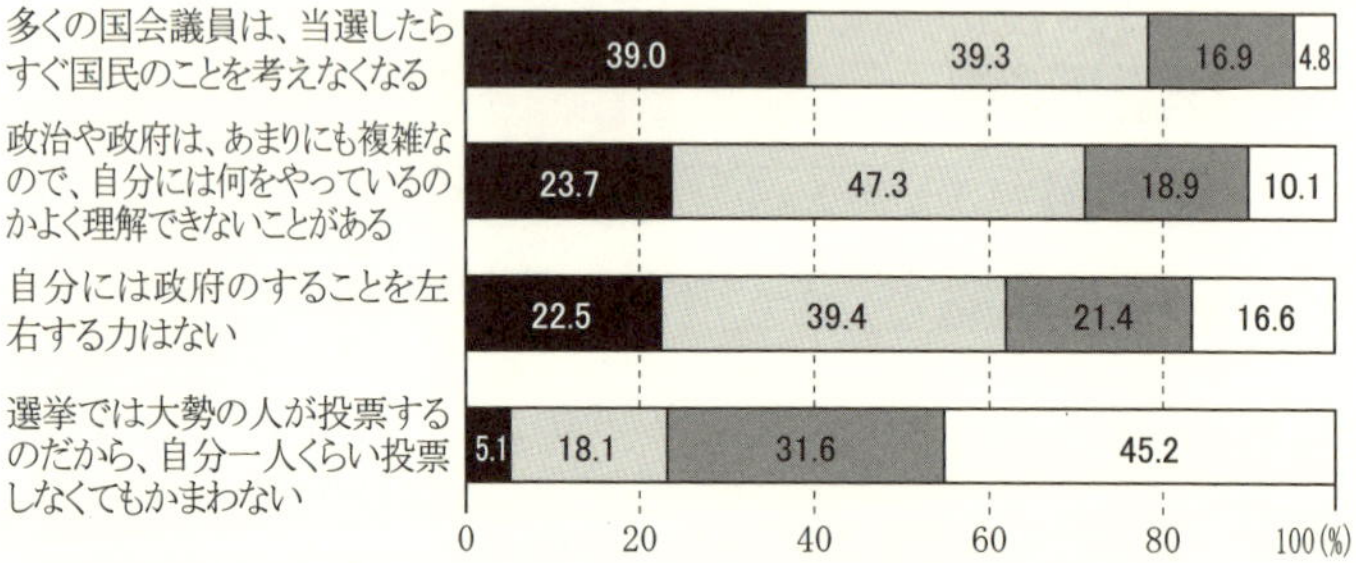


(注) ■そう思う。■どちらかといえばそう思う。■どちらかといえばそう思わない。□そう思わない。
(出典) 図１に同じ。

「いままでしたことがないし、今後もするつもりはない」という若者が三割弱はいるものの、資金援助や物資援助はそれ以外の行動と比較して心理的障壁が少ないようである。

そして、インターネット利用と直接的に関連がある行動として、インターネット上の日記に意見を表明したことがあるかを尋ねたところ、一二・六%の若者が経験していた。インターネット上における意見表明は、これまでにも指摘されているとおり匿名的な気安さに基づくものであるが、それ以上にインターネットに

おける情報の質の粗悪さが気安さと結びついている。

意見表明を行うという行為は、日本の若者にとって敷居が高い。図6で示されるように、若者たちの七一％は「自分は政治的な知識が乏しい」と思っている。高度情報社会において、情報に通じるのは非常に困難であるうえに、よく知らないことに対する意見表明を避ける傾向が若者にはある。

翻って、インターネット上の情報について考えてみるならば、それは必ずしも正確なものばかりではない。また、気分的なものや倫理的に問題のある意見もある。正確なものばかりでも倫理的なものばかりでもないという状況が、このような意見表明の敷居を下げているといえるかもしれない(16)。この状況が将来的にどのような変化を遂げるのか、注目されるところである。

## 若者の政治意識

では、若者の政治意識はどのようなものか、確認しておこう。図6にみるように、概して若者は政治的無力さを感じている。

政府の行うことに対して何かできると考えている若者は三八％しかいない。国会議員に対する不信感をもつ若者は七八・三％もいる。より重大な問題は、現在の政治に対する不信というより、民主主義に対する不信ととってもよいような政治意識にある若者たちが相当数いることである。つまり、「選挙では大勢の人が投票するのだから、自分一人くらい投票しなくてもかま

わない」と考えている若者は二三・二％と四分の一に近い。

これらをまとめると、現在の政治や政治家に対する不信感もさることながら、若者自身の政治に対する理解という点でも悲観的である。民主主義の政治システムですら、厭世的に捉えている若者の割合は少なくない。

## 5 人間関係と社会的・政治的行動

### 人間関係が親密なほど行動は活発

単純に意識が行動を支えているとすると、政治的不信に陥っていれば社会的・政治的行動が停滞すると考えられる。したがって、前節で確認されたような若者の政治的無力感が若者の社会的・政治的行動を妨げていると推論できる。しかし、データでみるかぎり、話はそのように簡単ではない。ここでは、政治意識と社会的・政治的行動に関連があるのかどうかを確かめておきたい。

前節で紹介した政治意識を合算し、政治に対する意識尺度と行動項目における行動量の尺度を作成し、相関分析を行なった。この結果、政治意識において無力感が高ければ社会的・政治的行動を行わない、という弱い相関がみられた。政治的無力感が高ければ有意に政治行動量が

図7　政治に対する無力感と社会、政治的行動量

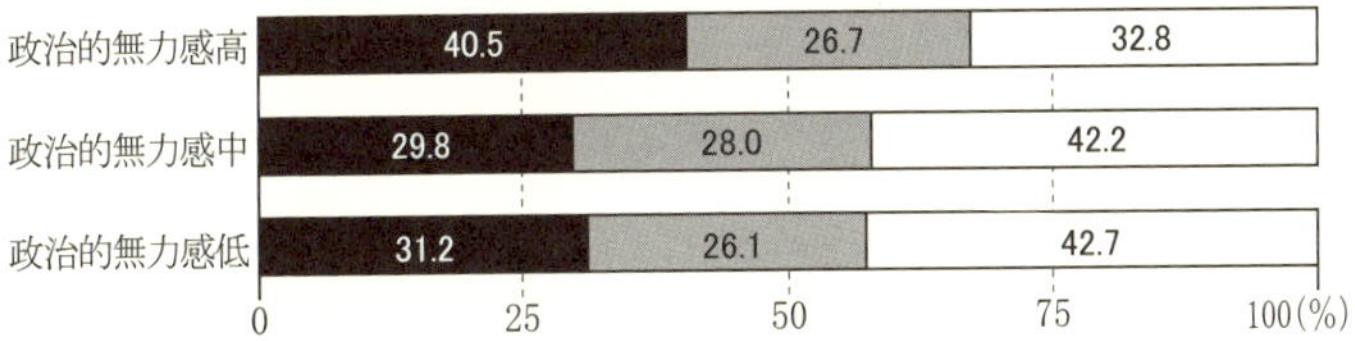


(注) ■社会的・政治的行動なし。■社会的・政治的行動1つのみ。□社会的・政治的行動複数。
(出典) 図1に同じ。

図8　恋人との交際経験と政治的行動量

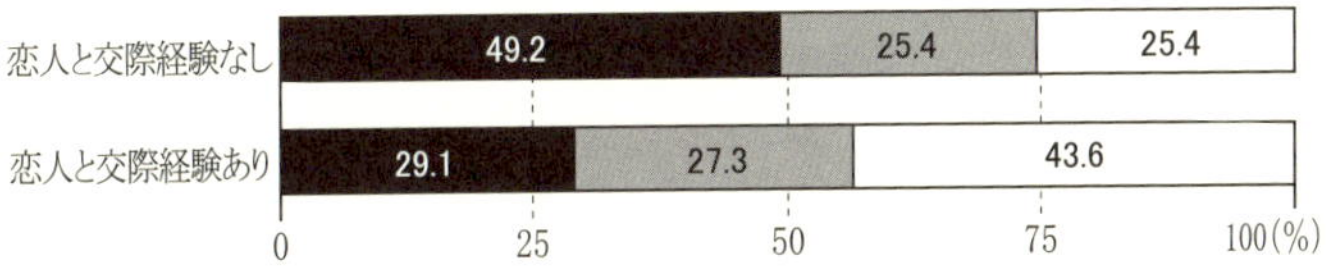


(注) ■社会的・政治的行動なし。■社会的・政治的行動1つのみ。□社会的・政治的行動複数。
(出典) 図1に同じ。

減るが、中程度と低程度のあいだには差がみられないのである(図7)。ただし、はっきりした関連を示しているわけではない。

政治意識が醸成されれば社会的・政治的行動を起こすという単純な図式では、現代の若者を説明できないようである。また、年齢やジェンダーなどの属性とは、ほとんど関連がみられない。

意識や属性が行動を規定しない一方で、一見、何も関連しないだろうと思われる親密性が社会的・政治的行動と強い相関がみられた。たとえば、恋人との交際経験がある若者のほうが社会的・政治的行動が活発だ(図8)。また、親密な人間、つまり友人(図9)、恋人や配偶者(図10)と政治について話す若者は、行動も活発である。

図 9　友だちとの政治的会話と政治的行動量

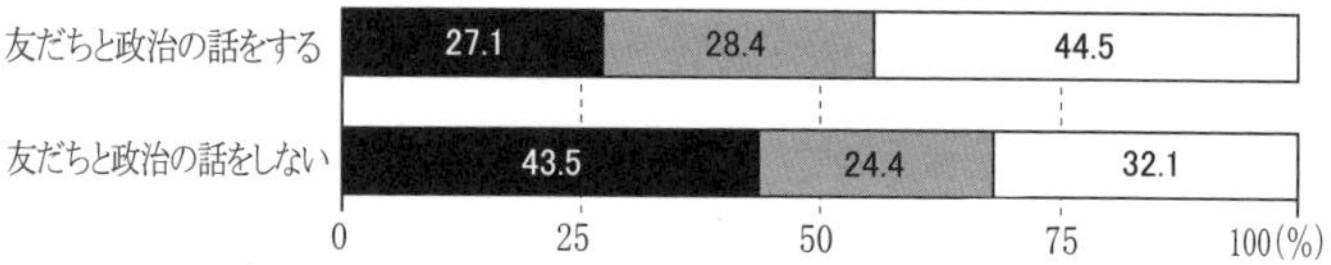


（注）■社会的・政治的行動なし。■社会的・政治的行動 1 つのみ。□社会的・政治的行動複数。
（出典）図 1 に同じ。

図 10　恋人・配偶者との会話と政治的行動量

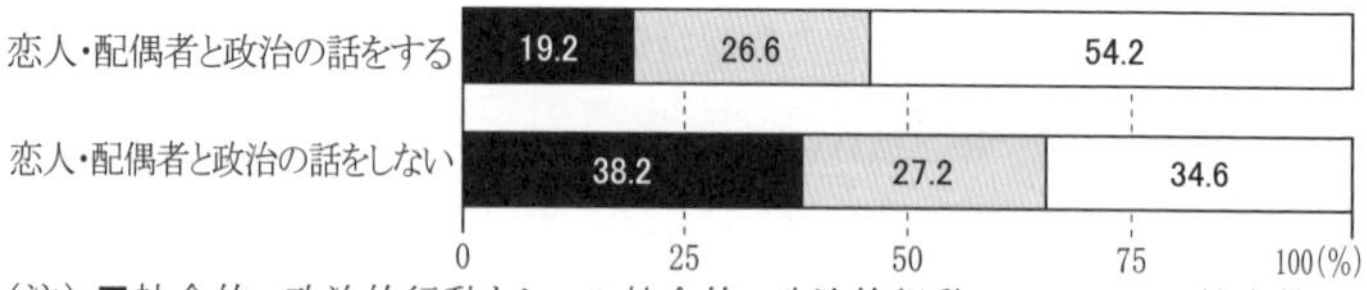


（注）■社会的・政治的行動なし。■社会的・政治的行動 1 つのみ。□社会的・政治的行動複数。
（出典）図 1 に同じ。

政治意識において無力感があったり、政治に不信をもっていても、親密な人間関係を築き、そのなかで政治や社会について思考する契機があれば、若者は社会的・政治的行動が活発になるといえる。

### 若者の友人関係の特徴

人生のうちでもっとも友人関係に没頭するのは、若いとき、とくに未婚期の一〇代後半から二〇代である。もちろん、この時期は将来の仕事や社会生活のための訓練期間であり、若者のプライオリティは将来につながる勉強や仕事にある。その一方で、新たに友人を獲得する努力を行なったり、友人との人間関係について悩みをもったりするのも、この時期といえるだろう。

仕事をこなし、家庭をつくり、社会的に認

められるようになる中年期においては、新たに友人を獲得したり、友人関係に心を痛めたりするよりも、仕事、さらには仕事の人間関係や家族関係に、人びとは没頭する。これまで、親密性の調査を行うたびに、友人関係について尋ねる項目を作成するためにヒアリングしてきた。その際、三〇歳を過ぎた日本人にとって、「友人とは何か」という問いを含むような質問項目には現実感がわかないと指摘されることが多かった。質的調査を行なったときにも、「友人がいますか？」という問いに対して、多くのおとなたちは「学校のときの友だちはいますが、連絡は年賀状ぐらい」と回答することが多い。

このように友人関係を維持しているとはいえない日本のおとなたちが、若い世代に対して、「最近の若者は浅い人間関係しかつくれない」「最近の若者は人付き合いが下手だ」などのレッテルを貼るのは、なぜなのだろうか。

一方で、バッシングを受ける若者たちも、このような評価を内面化しているようである。「最近の若者はケータイに依存しすぎて、直接会って行う対面的コミュニケーションができない」などと、学生たちがレポートに書いてくる。こうした実感に依拠した決まり文句に対して、これまでの実証的研究では、若者の友人関係は問題視されるようなものではなく、選択的な関係性という特性をもっているがためにおとなが理解しづらいのだと説明されてきた(17)。

また、若者のメディア利用と関連して、友人関係をより詳細に把握する試みもある。そこでは、選択的で限定的な人間関係を若者が形成していることが指摘されている。

たとえば、辻泉はケータイの電話帳機能に注目し、若者たちは「友人の足し算・引き算」を行なっていると指摘する。若者たちは、ケータイの電話帳を使って友人関係を拡大し、ケータイの機種変更を行うときに疎遠になった友人のアドレスを消すという行為をとおして、友人を選別しているというのだ。(18) 辻は、ケータイを友人関係のメンテナンスに役立てている若者ほど、自身の友人関係に好感と親密感をもっており、競争的意識、劣等意識がないことを指摘し、この行為の行き着く先が、友人関係の同質性の促進ではないかと憂慮する。また、宮田加久子らは、パソコンコミュニケーションがより広いネットワークを形成する可能性があるのに対して、ケータイだけの利用では限られた人間関係のなかでやりとりがなされていることを明らかにしている。(19)

このように、同質的な人間関係は、他者とのコミュニケーションの減少による問題解決力の低下や視野狭窄に陥る可能性があるとして、問題のある人間関係とみなされてきた。

### ケータイが同質的な友人関係を促進しているわけではない

それでは、居心地のよい人間関係の志向と友人との意見齟齬への寛容性は関連するのだろうか。図11のように、気の合う友だちとだけ付き合いたいという志向をもつ若者は、親しい友だちとは意見が同じほうがよいと考える傾向にある。辻の指摘どおり、ケータイの電話帳による人間関係の選別は同質的な人間を選択していく可能性が考えられる。

図11 友だち関係と意見の同質性

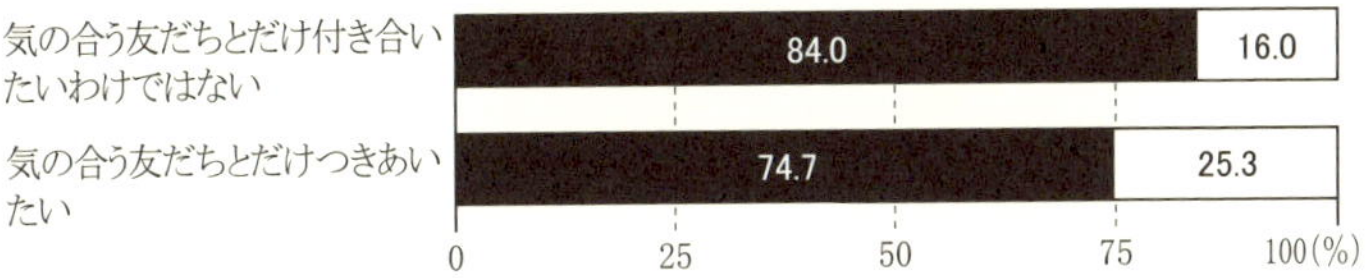


(注) ■親しい友だちと意見が違ってもよい。□親しい友だちとは意見が同じほうがよい。
(出典) 図1に同じ。

そこで、前述した小林と池田の仮説を検討してみよう。ケータイメールの利用とネットワークの同質性は関連するのだろうか。まず、友人との意見の相違に関する意識とケータイメールの利用について確認しておこう。

ケータイメール利用との関連を分析したところ、有意な相関はみられなかった。ただし、ケータイメールを利用しない若者のほうが、気の合う友だちとだけ付き合いたいと考えている。さらに、有意な差異はみられないものの、親しい友だちとは意見が同じほうがよいと考えている割合が高かった。したがって、ケータイメール利用による私生活志向の親和性が直接的に利用者のネットワークの同質性を促進するとは、考えにくい。

ケータイはたしかに、親密な人間関係のなかで利用されている。しかし、その人間関係が親密であることをもって同質的だといえるかどうかは検討の余地がある。親密な人間関係であっても、似た者同士とは限らない。ジェンダー、年齢、学歴、収入、生育地といった属性の差異についても考えなければならない。このような点を考慮した研究もある。普及初期に限って分析したケータイ利用者のネットワークの

同質性研究では、ケータイ利用者が非利用者と比較して、同質的人間関係を築いているわけではないことがわかっている。[20]

## 恋愛経験→円滑な人間関係→社会的・政治的行動

ここでは、もうひとつの親密な人間関係である恋愛について考えてみたい。社会的・政治的行動と恋愛経験には相関がみられることを先に示した。一般的に、プライベート化という社会変容は、政治への無関心化、社会からの撤退として語られることが多い。パブリック領域とプライベート領域の区別は、近代社会が成立して初めて登場した考え方である。パブリック領域とはビジネスや政治を扱う領域であり、プライベート領域は家族生活や個人的な事柄を扱う領域だと考えられている。

一九七〇年代初めの学生運動の敗退を期に、若者の社会への関心は薄まり、恋愛、友人関係、自己、消費生活といったプライベート領域への関心が高まったと一般に説明される。しかし、プライベート領域への関心が高まることと、社会や政治に対する関心が薄れていくこととは、まったく別である。パブリック領域とプライベート領域は、明確に分けられるものではない。プライベート領域における活動の活性化がパブリック領域における活動の活性化を促すことも、充分想定できる。

ケータイが登場して以来、若者の恋愛がケータイによって支えられていることを繰り返し指

摘してきた[21]。また、高橋征仁が指摘するように、性行動や性関係にかかわる親密性の成熟が若者の生活環境の情報化を促進したのだという因果関係で捉える考え方もありうる[22]。どちらにしても、性行動を含む恋愛の活性化とケータイ利用は切り離せない。プライベート領域に属するはずの恋愛経験が、パブリック領域に属すると考えられている社会・政治への関心に影響するのであれば、ケータイ利用は、恋愛に役立てられることを通じて、間接的に社会や政治に対する関心の醸成につながるとも仮定できる。

ただし、恋愛のあり方、たとえば交際経験の多寡や恋愛に対する態度などと、政治的関心、政治意識、社会的・政治的行動とに有意な相関はみられなかった。つまり、恋愛経験の有無そのものだけが、社会的・政治的行動と連関しているのである。ここから、恋人交際の有無が若者の社会的・政治的態度と密接に関連しているといえる。恋人と一度でも交際したことのある若者は、社会的・政治的行動に対しても積極的になれるのである。

恋人交際の有無とコミュニケーションスキルとの関連を分析すると、「周囲の人とのトラブルを上手に処理できる」「表情やしぐさで相手の思っていることがわかる」「誰とでもすぐ仲良くなれる」という若者が、恋人と交際経験がある率が高い。ケータイは、親密性をサポートするメディアである。したがって、コミュニケーションスキルが高く、恋愛経験のある若者がケータイを利用し、さらにプライベート領域のなかで円滑な人間関係を維持している若者が社会的・政治的行動を活発に行うと結論できる。

## 6　個人を社会へつなげるメディア

ケータイが親密な人間関係を支えるメディアであることに、異存のある人はいないだろう。ある日系企業で働く中国人の社長秘書から次のような話を聞いた。その秘書は、彼の働く企業がもっている中国の工場の女子寮を次に新しくするときには、一部屋にコンセントを二口つけたいという。

現在は女子六人で一部屋を使っており、扇風機用のコンセントが一口あるだけなのだという。女工たちは扇風機をまわすことをあきらめ、暑いのを我慢して、ケータイの充電にそのコンセントを利用しているという。一口しかないから、充電時間表をつくり、順番に充電する。彼女たちにとって、ケータイで親密な誰かとつながるほうが、部屋の快適さよりも重要なのである。

ケータイへの不信感は、いまだに根強い。しかし、親密な人間関係の維持が悪いことだと言えるのだろうか。個人は一足飛びに社会と直面はできない。親しい仲間のなかで交際スキルを磨くことで、社会の方向性について考える個人が誕生するのだ。現代社会において、ケータイが個人を社会へとつなげる重要なメディアであることは間違いない。もう、ケータイのない社会へと後戻りできない以上、ケータイの利用を前提とした社会構築について考えることが必要

だろう。

（1）岡田朋之「ケータイメディア論のすすめ――ポケベル・ケータイこそマルチメディアである」富田英典・藤本憲一ほか『ポケベル・ケータイ主義！』ジャストシステム、一九九七年。

（2）総務省『通信利用動向調査』二〇〇七年、http://www.johotsusintokei.soumu.go.jp/statistics/data/070525_1.pdf 2007

（3）Asano, T., Iwata, K. and Habuchi, I., Civic attitudes developed in the free time activity groups of Japanese youth,VIII International Conference on Asian Youth and Childhoods 2007, Lucknow ; India, 2007.

（4）岡田朋之・松田美佐編『ケータイ学入門』有斐閣、二〇〇二年。

（5）メールというモード、通話というモードといったように、複数のコミュニケーションの次元が可能となったという意味。

（6）松田美佐「ケータイをめぐる言説」松田美佐・岡部大介・伊藤瑞子編『ケータイのある風景――テクノロジーの日常化を考える』北大路書房、二〇〇六年。

（7）岩田考・羽渕一代ほか編『若者たちのコミュニケーション・サバイバル――親密さのゆくえ』恒星社厚生閣、二〇〇六年。

（8）橋元良明「パーソナル・メディアとコミュニケーション行動――青少年にみる影響を中心に」（竹内郁郎・小島和人・橋元良明編『メディア・コミュニケーション論』北樹出版、一九九八年）、浅野智彦「親密性の新しい形へ」（富田英典・藤村正之編『みんなぼっちの世界』恒星社厚生閣、一九九九年）、辻大介「若者のコミュニケーションの変容と新しいメディア」（橋元良明・船津衛編『子ども・青少年とコミュニケーション』北樹出版、一九九九年）など。

（9）Ichiyo HABUCHI, Shingo DOBASHI, Izumi TSUJI and Koh IWATA, Ordinary Usage of New Media : Internet Usage via Mobile Phone in Japan, *International Journal of Japanese Sociology,* The Japan Sociological Society : Blackwell, 2005 や Ichiyo HABUCHI, 'Accelerating Reflexivity', Mizuko Ito, Misa Matsuda and Daisuke Okabe eds., *Personal, Portable, Pedestrian : Mobile Phones in Japanese Life,* MIT Press, 2005, pp.165–182、前掲「ケータイをめぐる言説」など。

（10）岡田朋之・羽渕一代「移動体メディアに関する街頭調査の記録（抜粋）」『武庫川女子大学生活美学研究所紀要』第九号、一九九九年。

（11）前掲（9）。

（12）石田佐恵子『有名性という文化装置』勁草書房、一九九八年。

（13）小林哲郎・池田謙一「携帯コミュニケーションがつなぐもの・引き離すもの」池田謙一編著『インターネット・コミュニティと日常世界』誠信書房、二〇〇五年。

（14）岡田朋之・松田美佐・羽渕一代「移動電話利用におけるメディア特性と対人関係――大学生を対象とした調査事例より」『情報通信学会年報』第一一号、二〇〇〇年。

（15）前掲（3）。

（16）詳細は、羽渕一代「若者のメディア利用と政治意識――都市とメディア環境をめぐって」（日本都市社会学会編『日本都市社会学会年報』第二四号、二〇〇六年）参照。

（17）代表的な研究として、前掲「親密性の新しい形へ」や福重清「若者の友人関係はどうなっているのか」（浅野智彦編『検証・若者の変貌――失われた一〇年の後に』勁草書房、二〇〇六年）などがあげられる。メディアとの関連では、前掲「若者のコミュニケーションの変容と新しいメディア」、松田美佐「若者の友人関係と携帯電話利用――関係希薄化論から関係選択化論へ」（『社会情報学研究』第四号、二〇〇〇年）、辻泉「ケータイの現在――アドレス帳としてのケータイ」（富田英典・南田勝也・辻泉編

『デジタルメディア・トレーニング』有斐閣、二〇〇七年)などがあげられる。

(18) 詳細は、前掲「ケータイの現在——アドレス帳としてのケータイ」参照。

(19) 宮田加久子『きずなをつなぐメディア：ネット時代の社会関係資本』NTT出版、二〇〇五年。Miyata, K., Boase, J., Wellman, B. and Ikeda, K., The Mobile-izing Japanese: Connecting to the Internet by PC and Webphone in Yamanashi, Ito, M., Matsuda, M. and Okabe, D. eds. *Personal, Portable, Pedestrian ; Mobile Phones in Japanese Life.* MIT Press, 2005.

(20) 詳細は、羽渕一代「携帯電話利用とネットワークの同質性」(『人文社会論叢(社会科学編)』第九号、弘前大学人文学部、二〇〇三年)参照。

(21) 羽渕一代「ケータイに映る【わたし】」前掲(4)、羽渕一代「青年の恋愛アノミー」前掲(7)など。

(22) 高橋征仁「コミュニケーション・メディアと性行動における青少年層の分極化」財団法人日本性教育協会編『「若者の性」白書——第六回青少年の性行動全国調査報告』小学館、二〇〇七年。

＊本章は、二〇〇四年から〇六年に行なった日本学術振興会科学研究費補助金(若手研究B)「パーソナルメディアの利用と親密性の変容に関する国際比較研究」(研究代表者＝羽渕一代)と、〇六年から行われている日本学術振興会科学研究費補助金(基盤研究B)「若者の中間集団的諸活動における新しい市民的参加の形」(研究代表者＝浅野智彦)の研究成果の一部である。

第6章

# 本当に恐いケータイの電磁波

植田 武智

# 1　明らかになってきたケータイの危険性

## 弱い電磁波で脳腫瘍などの発生率が上昇

一九九〇年代なかば以降、急速に普及したケータイ。その人体への影響が、ようやく科学的に判明してきた。一〇年以上使い続けていると、脳腫瘍になる可能性が増すことが明らかになってきたのだ。とくに、いつも右耳に当てて使っている人は頭の右側、左耳で使っている人は左側の発生率が上昇しているので、論理的な整合性がある。

頭部の至近距離で電磁波を発信し続けるケータイの危険性が、はっきり指摘されたわけだ。しかも、その影響は脳腫瘍だけにとどまらない。動物実験の結果から、認知症やアルツハイマーのような脳の病気のリスクを指摘する研究も発表された。

とくに重要なのは、影響が現れる電磁波のレベルは、ケータイから一・五メートル離れていて浴びる程度の弱さであることだ。受動喫煙ならぬ、電磁波の受動被曝で、通話している人だけでなく、周辺の人たちにも被害をもたらす可能性がある。「私はメールだけで、耳には当てないから大丈夫」と思っていても、安心はしていられない。さらに、アレルギーの人がケータイを使うと症状を悪化させるという研究もある。これは、電磁波の影響にとくに過敏に反応する

人が存在することを意味している。

## ケータイの電磁波は五〇％以上が頭部に吸収

ケータイで利用される電磁波は、いわゆる電波と呼ばれるものと同じだ。電波を利用した電気製品はラジオやテレビなど、古くから存在している。しかし、それらは受信機自体は電波を発信しない。放送局のアンテナの至近距離に立ち入れば強い電磁波にさらされるが、テレビやラジオのアンテナは放送局から飛んでくる微弱な電波を受信するだけで、周辺の電磁波が特別強くなるわけではない。

図１　携帯電話と送電線の電磁波

一方ケータイは電波を発信する。アマチュア無線やトランシーバーなどを除けば、ふつうの人が使う電波を発信する電子機器は、ケータイが初めてだ。アマチュア無線は資格制で、電波の知識がある人だけが扱う。ところが、ケータイは電波の知識がなくても使える。ここに大きな違いがある。しかも、頭部に発信源を近づけて使い続けるので、強い電磁波が頭を直撃する。

また、電磁波の発生源から一波長以内の部分は近傍界といって、とくに電磁波が強い。ケータイによく使われる周

波数帯の波長は三〇センチ前後。ふつうにケータイで電話すれば、頭はすっぽりとこの範囲に包まれる(図1)。しかも、ケータイから発信される電磁波のうち、実際の通信に使われるものは半分以下である。五〇~九〇%は頭部に吸収されてしまう。

### 子どもの頭はとくに危ない

頭部に吸収される電磁波の割合は、子どものほうがおとなより大きい。子どもの頭は小さいので、アンテナ周辺の電磁波が強い部分に多くが入るからだ。五歳児に相当する頭部のモデルでは、吸収される電磁波がおとなの一・五倍になるという報告もある。上の二つの写真を比べると、五歳児の脳は、おとなに比べて白い部分の占める割合が大きい。これは、脳へ

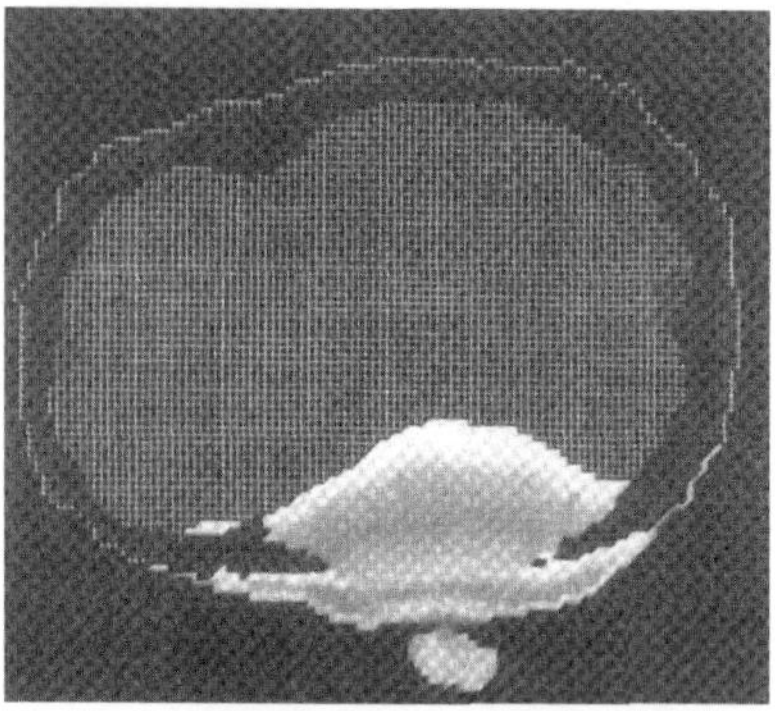

おとなの脳のモデル

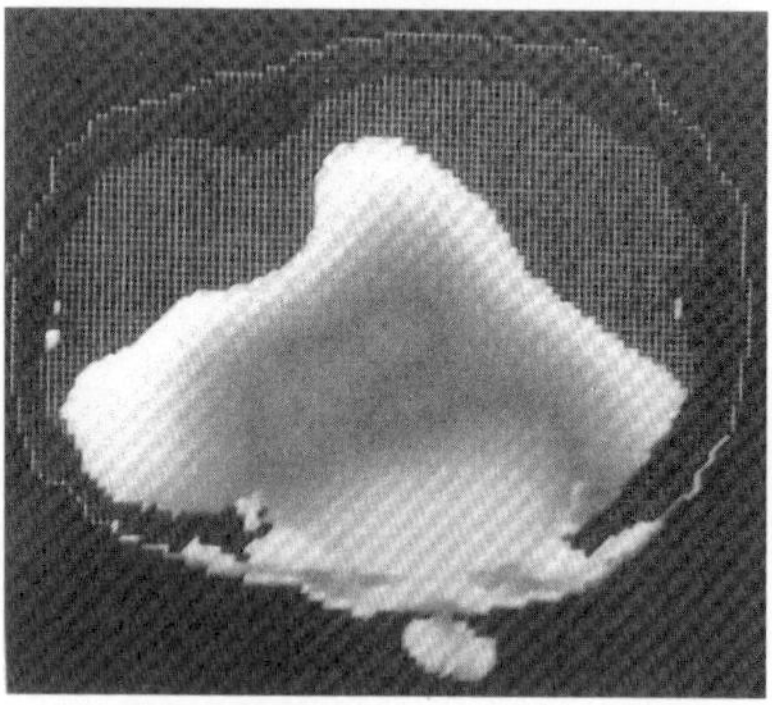

5歳児の脳のモデル

(出典) 植田武智『危ない電磁波から身を守る本』コモンズ、2003年、98ページ。

電磁波が深く浸透することを意味する。

また、おとなの脳と子どもの脳は、質的にも違う。たとえば、骨髄の組織には、血液をつくる作用のある赤色組織と、その作用を失った黄色組織がある。新生児はほとんどが赤色骨髄で、二〇歳になるまでには半分になるという。このように、子どもは決して小さなおとなではない。

さらに、実験動物としてよく使われるラットの脳や頭蓋骨、皮膚の組織は、成長とともに電磁波を吸収しにくくなることが確認されている。

こうした事実を考えると、中学生の約六割、小学生も約三割がケータイを使っている（二一一ページ参照）という数字は、憂慮せざるをえない。

## 2　ケータイの長期使用で脳腫瘍が増えている

### 各国の調査で発症率が上昇

「ケータイの使用と脳腫瘍に関連あり」（デイリー・テレグラフ紙）

「ケータイと脳腫瘍の関連を示唆する研究が発表される」（ガーディアン紙）

イギリスの新聞各紙は二〇〇七年一月二六日、ケータイの長期使用と脳腫瘍の関連についての新たな疫学調査（病気の原因と疑われる要因と、結果として発生する病気の因果関係を、人間を対

象に調べる方法)の結果をいっせいに伝えた。ヨーロッパ五カ国(イギリス、スウェーデン、デンマーク、ノルウェー、フィンランド)で行われた調査で、ケータイの一〇年以上の使用による脳腫瘍リスクの上昇が示唆されたというのだ。その内容を論文から紹介しよう。

一五二一人の脳腫瘍の患者グループと三三〇一人の健康な人のグループを対象に、過去のケータイの使用状況と神経膠腫《しんけいこうしゅ》(1)という脳腫瘍の発症との関連を調べた。その結果、ケータイの使用者(半年以上にわたり、一週間に一回以上の通話をするグループ)と非使用者との比較では、発症率に差はなかった。しかし、一〇年以上の使用者に関しては、一・一三倍と発症率が増加。さらに、通常ケータイを耳に当てる側にできる脳腫瘍に限定した場合、発症率は一・三九倍となり、統計的に有意な差がある(つまり偶然とは判断できない)という結果となった。

この疫学調査は、世界保健機関(WHO)が進めている電磁波の健康への影響を調べる国際プロジェクトの一環として実施された。ケータイの使用と脳腫瘍の関連を調べるため、日本も含めた一三カ国が参加し、共通の調査法でそれぞれの国での結果をまとめていくのである。これまでにスウェーデン、イギリス、ドイツは各国の調査結果を公表ずみだ。また、聴神経鞘腫《ちょうしんけいちょうしゅ》(2)という脳腫瘍を調べた結果がデンマークとスウェーデンで公表されている。それらの結果を簡単にまとめたのが**表1**だ。デンマークを除いたすべての結果が、一〇年以上の使用における発症率の上昇を示している。

こうした結果が出たのは、初めてではない。今回発表された論文は、ヨーロッパ各国のデー

表1　各国の疫学調査の結果

| 調査国 | 携帯電話の使用歴 | 腫瘍の種類 | 腫瘍の場所 | 増加割合 | 95%信頼区間 | 発表年 |
|---|---|---|---|---|---|---|
| デンマーク | 10年以上も含む | 聴神経鞘腫 | 特定せず | 0.9 | 0.5〜1.57 | 2004年 |
| スウェーデン | 10年以上 | 聴神経鞘腫 | 携帯電話を通常使う側 | 3.9 | 1.2〜8.4 | 2004年 |
| スウェーデン | 10年以上 | 神経膠腫 | 携帯電話を通常使う側 | 1.8 | 0.8〜3.9 | 2005年 |
| イギリス | 10年以上 | 神経膠腫 | 携帯電話を通常使う側 | 1.24 | 1.02〜1.52 | 2006年 |
| ドイツ | 10年以上 | 神経膠腫 | 特定せず | 2.2 | 0.94〜5.11 | 2006年 |
| 5カ国のプール解析 | 10年以上 | 聴神経鞘腫 | 携帯電話を通常使う側 | 1.8 | 1.1〜3.1 | 2005年 |

(注1) 95%信頼区間の値が1以上になると、その差は偶然起きたのではないと判断され、「統計的に有意な差がある」とみなされる。
(注2) プール解析の5カ国は、イギリス、スウェーデン、デンマーク、ノルウェー、フィンランド。ノルウェーとフィンランドの個別調査の結果はまだ公表されていない。
(出典)植田武智『しのびよる電磁波汚染』コモンズ、2007年、63ページ。

タをまとめて再評価したもので、これまで明らかにされていた脳腫瘍の発症率上昇が再確認されたといえる。

論文の著者であるフィンランド政府・放射線安全庁のアンシ・アウビネン博士は、イギリスの新聞の取材に対してこう答えている。

「腫瘍が広がるまでの期間を考慮すると、長期間の使用で影響が出ているという結果には信憑性がある。また、ケータイを近づける側頭部に腫瘍が発生していることも信憑性を裏づけている」

## 潜伏期間の長さを考慮する必要性

前述の新聞では、ケータイの電磁波の世界的権威であり、イギリス政府モバイル通信健康調査プログラムの議長

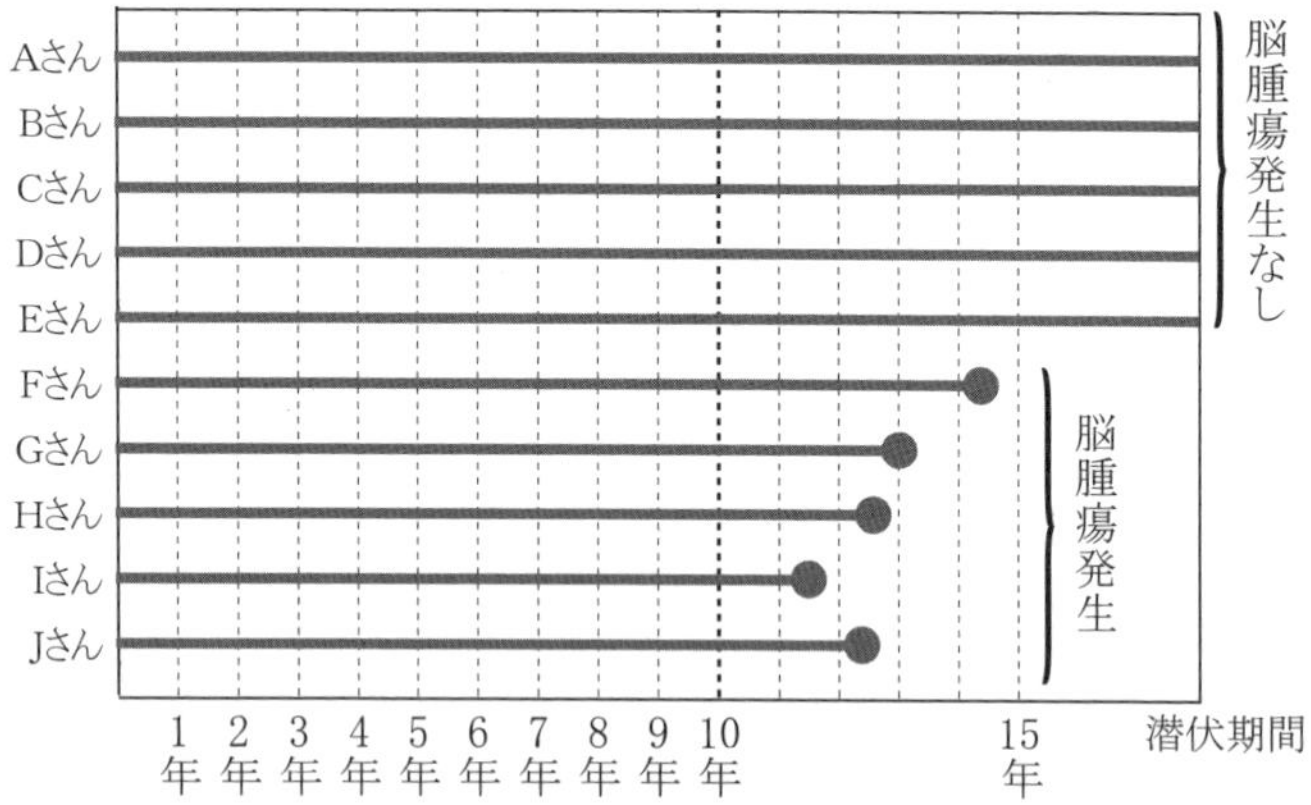


図2　脳腫瘍の潜伏期間のモデル

を務めるラウリー・チャルリス教授に、「ケータイは二一世紀のタバコとなりうるか?」と尋ねている。これに対して、教授は「絶対になる」と答えたうえで、こう指摘する。

「ケータイ以外の多くの発ガン要因を調べた調査でも、影響は一〇年以上経ってから現れる。一〇年間は何もなくても、その後劇的に増加するのだ。長崎や広島の原爆でも、一〇年以内では影響はあまり見られなかった。アスベストも同じだ。専門家による疫学調査の結果、一〇年以上で影響が現れる可能性を示唆する結果が出たことは無視できない。研究を続けるべきだ」

脳腫瘍はまれにしか発生しない病気で、発症者は一万人に一人といわれる。疑われる要因との関連を調べるのは容易ではない。また、ケータイが原因だったとしても、たとえば図2のFさんからJさんのように発症するまでに一〇年以上が経過している場合、それ以前の調査では発症しなかったという結果になる。だから、

ケータイが急速に普及して一〇年程度しか経っていない現時点で発症は増えていなくても、決して安心はできないのである。

日本もWHOのプロジェクトに参加しているので同様の疫学調査が実施され、聴神経鞘腫瘍についての結果は論文としてすでに発表されている。総務省生体電磁環境研究推進委員会のメンバーである東京女子医科大学の山口直人教授や首都大学東京の多氣昌生教授たちが、総務省の研究費を使って調査した。東京近郊に住む患者九七名と健康な人三三〇名を対象にし、ケータイによる影響は確認できなかったと結論づけている。

しかし、一〇年以上の使用者は患者グループで一人、健康な人のグループで八人しか含まれていない。したがって、一〇年以上の使用で発症率が上がるかどうかについては判断できない。論文でも述べられているように、「今後の研究は、一〇年以上の長期使用者に焦点を当てるべき」なのである。

## 対策を始めているヨーロッパ諸国

今回の調査結果を受けて、スウェーデン政府の放射線防護庁は〇七年一月三一日に声明を発表。ケータイが脳腫瘍の原因となる可能性が強まったとして、使用に際する注意を呼びかけた。具体的には、①通話に際してイアホンマイクを使い、ケータイ本体を体から離すこと、②発信される電波が自動的に弱くなる、通話状態のよい場所で使うこと、をすすめている。

ドイツ政府の放射線防護連邦局も〇七年二月五日、①通話中に浴びる電磁波をできるだけ減らすようにする、②電磁波の影響の少ない機種を選ぶ、などを勧告する声明を出した。

また、イギリスでは以前から、一六歳未満の子どもたちのケータイ使用を原則的に自粛させるように保健省が勧告。パンフレットを作成し、ケータイ売り場などで配布している。ロシアでは子どもに加えて、妊娠中の女性も使用を自粛するよう勧告している。

一方、日本ではどうか？　飽和状態にあるケータイ市場の最後の空白地帯として、子どもと老人へ向けて携帯・ＰＨＳ各社は攻勢をかけている。政府の勧告を受けて子ども向けケータイの販売を止めた通信事業者も存在するイギリスとは、きわめて対照的である。

## 3　各社の安全宣言は信用できるのか？

### 説得力に欠ける実験結果

二〇〇七年一月二五日、日本の通信事業者三社（ＮＴＴドコモ、au、ソフトバンク）はケータイから発生する電磁波の安全性に関する検証試験の結果を報じた（各社のホームページで報告）。内容は同じなので、ここではソフトバンクの報告書を紹介しよう[3]。

〇二年一一月から三社の共同出資で、三菱化学安全科学研究所に委託して行なった実験で、

ガンの原因となるDNAの切断をはじめ、さまざまな細胞や遺伝子に異常が起こらないかを調べた。その結果、国の基準値の一〇倍にあたる電磁波を当てても、細胞への影響は確認されなかったという。そして、こう結論づけた。

「携帯電話基地局からの電波の安全性について改めて検証できたといえます。また、これまでに得た結果は、電波が細胞構造や機能に影響を与えてがん化するかもしれないとの主張を否定する科学的証拠の一つになるものです」

しかし、海外でケータイを一〇年以上使用した場合の脳腫瘍の発症率の上昇が疫学調査で確認されている以上、細胞を使った実験で影響が出なかったからといって、安全と結論づけるのは説得力がない。

化学物質や電磁波などの環境や健康への有害性を判断する場合、科学的証拠は三種類に分けられる。もっとも重視されるのは人間を対象とした疫学調査、第二に動物実験、第三に補助的なものとして細胞などを使った実験である。細胞実験で影響が確認されなくても、人間を対象にした疫学調査で確認されれば、それが重視されるのは言うまでもない。

## 企業による研究の信頼性

そもそも、通信事業者が資金を出して行なった研究で安全性を宣言されて、信用する人はどれくらいいるのだろうか？　仮に危険であるという結果が出た場合、結果は公表されるのだろ

**表2　高周波電磁波による遺伝子への影響を調べた論文の結果**

| 研究結果 | 総数 | 研究費の出資源 | | | |
|---|---|---|---|---|---|
| | | 通信業界 | アメリカ空軍 | 大学・公的機関など | 不明 |
| 影響あり | 43 | 3 | 0 | 32 | 8 |
| 影響なし | 42 | 22 | 10 | 5 | 5 |

（出典）植田武智『しのびよる電磁波汚染』コモンズ、2007年、102ページ。

うか？

この問題は、抗インフルエンザ薬のタミフルと子どもの異常行動に関する因果関係の研究でもクローズアップされた、利益相反(conflict of interests)にかかわっている。言い換えれば、中立・公正であるべき科学の研究結果に、研究費のスポンサーの影響が関与するかどうかだ。

研究費のスポンサーによる研究結果の違いの相関を調べた研究は多くある。たとえば、製薬会社による新薬の開発については、医薬品産業がスポンサーの場合、公的機関の研究と比べて好意的な結果になる確率は四倍になるそうだ[4]。また、タバコ産業から研究費を受け取っている研究者が受動喫煙が無害だという結論を出す確率は、利害関係のない研究と比べると実に八八倍であるという。

電磁波の健康への影響に関する研究についても、少なからず似た傾向が見られると指摘されている。アメリカの電磁波問題専門誌『マイクロウェーブ・ニュース』は、一九九〇年以降にアメリカで発表された八五本の論文を分析した。いずれも今回の三社の研究と同様で、ケータイの電磁波による遺伝子への影響を調べている。その結果が表2だ。

「何らかの影響があった」という論文が四三件、「影響がなかった」という論文が四二件と、ほぼ半々である。ところが、誰が研究費を出しているのかで区別すると明らかな差が現れる。通信業界がスポンサーの論文は二五件で、そのうち二二件(八八%)が「影響がなかった」という結果だった。一方、大学や公的機関がスポンサーになっている論文では、逆に三七本中三二本(八六%)が「何らかの影響があった」という結果になっている。

## 企業の研究費の適切な利用を考える

こう書くと、「企業は研究や調査を行うな」と主張していると誤解されるかもしれない。だが、決してそう言っているわけではない。技術面の研究は、企業が行うほうが有効だろう。市販する前の安全性の確認も、中立な公的機関ないし企業が行うべきだ。しかし、すでに販売された商品の安全性に疑いが起きた場合は、企業による調査だけでは一般市民の信用は得られない。

もちろん、あらゆる安全性の検証を税金で行うのは無理がある。先に紹介した五カ国の共同調査はじめヨーロッパ諸国の調査では、企業資金を適切に利用しており、参考になる。これらの研究には、「携帯電話製造者フォーラム」と「GSM(Global System for Mobile communication)協会」という二つの業界団体から資金が提供されている。ただし、資金は研究者に直接は渡されない。「国際対ガン連合」というガンを克服するための国際的民間組織をとおして提供される。

そして、提供を受けるに際しての合意書で、研究の完全な独立性が保証され、それは論文の

なかで明記される。企業は資金は出すが口は出さない、という原則が貫かれているのだ。仮に企業にとって都合の悪い結果であっても、公表が保証される。当然だが、情報の開示と透明性の確保は欠かせない。だからこそ、それらの研究は一般に信頼され、研究資金の無駄遣いにはならない。

これに対して日本では、たとえば生体電磁環境研究推進委員会をみると、二〇名の委員のうち五名は関連産業界の出身だ。さらに、企業出身の研究者、企業から研究費をもらっている研究者が少なくとも二名以上おり、三五%が業界に利害関係をもっている。また、委員会の議事録は整備されておらず、公開もされていない。そして、これまでの研究結果はすべて「電磁波による健康への影響は確認されない」という内容である。これでは、企業出資の研究と変わらないと思われても仕方ないだろう。税金の無駄遣いを減らすためにも、委員会を公開し、メンバーの中立性を確保するべきだ。

## *4* 健康へのさまざまな影響

### 記憶力の混乱が生じた

ケータイとの関連が指摘されている病気は、脳腫瘍だけではない。動物実験では、脳の機能

が影響を受ける可能性が指摘されている。

とくに注目されるのは、スウェーデンのルンド大学のレイフ・サルフォード博士たちが行なっている実験だ。ラットの脳にケータイの電磁波を浴びせると、神経細胞の損傷が増えるというのである。脳内をめぐる血管には、体のほかの部分を走る血管と違い、特別なバリア機能が存在している。脳内に必要な栄養素や酸素は送るが、それ以外の不要な有害物質は浸透しないように、特別に脳を保護する機能だ。そのバリアの働きがケータイの電磁波の影響で鈍るためである。

一九九三年から四回にわたって発表された結果では、通常ならば血液中から脳へ移行しないアルブミンというタンパク質の脳内への漏洩が確認された。このアルブミンが脳の神経細胞を損傷したという。

ただし、他の研究者が行なった実験では異なる結果も生じている。なぜ違った結果が現れるのかの究明が、早急になされなければならない。サルフォード博士たちは、本当に結果が違っているのかと、そうした結果となった理由を解明するために、お互いの実験動物の標本を交換し、第三者機関で調べてもらってはどうかと提案している。

サルフォード博士たちはさらに、神経細胞が損傷すると脳のどの機能に影響するかを調べる実験を始めている。ラットと人間の脳は大きさも機能も違うので、ラットで起きた結果がそのまま人間にもあてはまるとは解釈できない。とはいえ、ラットを使った動物実験は、人間の記

憶への影響を調べるためのモデルとみなされている。そこで博士たちは、人間が長期にわたってケータイの電磁波を浴び続けることによる影響を考慮して、ラットへ一週間に一回二時間、五五週間(一年一カ月)にわたって電磁波を浴びせ続けて、記憶力への影響を調べた。

まず、四角い柱を配置した大きな箱の中にラットを入れて、四角い柱を覚えさせる。五〇分後には丸い柱に変えて、覚えさせる。さらに五〇分後、三回目のテストでは四角い柱と丸い柱を半分ずつにする。そして、四角い柱と丸い柱を探すのに費やした時間の違いを比べる。

通常のラットは、新しく覚えた丸い柱を探す時間のほうが短く、記憶が古い四角い柱を探すのには長くかかるという。ところが、電磁波を浴びせ続けたラットの場合、浴びせなかったラットに比べて、二つの柱を探す時間の差が短かった。つまり、記憶力と覚えた順番に混乱が生じたのである。

今後は、実験に使ったラットの脳を解剖して、病理的変化の有無を調べるという。病理的変化と記憶力の変化に相関関係が観察されれば、ケータイの脳への影響がより明らかになるといえる。

この実験でショッキングなのは、極端に弱い電磁波を浴びせたところで影響が現れている点である。現在のケータイに適用されている基準値の二〇〇〇分の一で、アルブミンの漏洩や記憶力への影響が確認されている。博士によれば、その値はケータイから一・五メートル以上離れた場所、中継基地局の場合は一五〇～二〇〇メートルも離れた場所で発生するレベルだとい

う。したがって、ケータイの使用者だけでなく、かなり離れた場所にいる人たちに対しても影響が及ぶ可能性があることになる。

## 一時間のケータイ使用でアレルギーが悪化

ケータイの電磁波を浴び続けると、アレルギー反応が悪化するという研究も報告されている。実験を行なったのは木俣肇医師（大阪府にある守口敬任会病院のアレルギー科部長）。アトピー性皮膚炎の患者二六人に、事前了解を得てケータイの電磁波を浴びせ、アレルギー反応の変化を調べた。電磁波を浴びせる前と後で、イエダニとスギ花粉のアレルゲンを使った皮膚プリックテスト（針で引っかいて傷をつけた皮膚に、アレルギーを起こす物質のエキスを塗って反応を調べるアレルギー検査方法）を行い、一五分後に湿疹の大きさを計測したのである。

ずっとケータイを持ち続けるのは疲れるので、実験では首にくくりつけて、あごの下四センチに固定。音声なしの通話状態にして、電磁波を一時間浴びせた。実験は、同じ条件で一週間おいて二回実施。最初の実験では実際に電磁波を発信させ、二回目には電磁波を発信させなかった。どちらの実験で電磁波が出ていたのか、患者は知らされていない。

実験の結果、実際に電磁波を浴びた場合にかぎり、イエダニによる湿疹が二五％、スギ花粉による湿疹が三一％増大。ストレスによって体内で発生し、アレルギー反応を促進する化学物質の血液中の濃度も上昇した。

さらに、体の免疫システムへの影響も調べている。天然ゴム(ラテックス)にアレルギー反応をもつアトピー性皮膚炎の患者を対象に、同じようにケータイの電磁波を浴びせて、その前後で血液中のラテックスに対するアレルギー反応を起こす抗体(ＩgＥ)の発生量を比較した。すると、電磁波を浴びせた場合にだけＩgＥ抗体が一・七倍に増えたという。これは、ケータイの電磁波が人体や細胞の免疫システムに影響を与えていることを示唆している。

### 自覚はないが、ストレスになっている

木俣医師は同様の試験を、パソコンを二時間使用した場合、テレビゲームを二時間使用した場合などでも行い、アレルギー反応の悪化を確認したという。逆に、モーツァルトの音楽を聴かせると、症状は改善した。これは、パソコンやテレビゲームの使用がアトピー性皮膚炎の患者にとってストレスになっていることを意味する。

ただし、パソコンやテレビゲームなら患者も自覚できる。ケータイの場合は、本当に電磁波が出ているかどうか患者にはわからないにもかかわらず、電磁波が発生している場合にだけ反応している。したがって、電磁波は、自分では感じないが、パソコンやテレビゲームと同じようなストレス要因となっていると考えられる。

なお、アレルギー性鼻炎の患者にも同様の実験を行なったところ、変化は現れなかった。木俣医師はこう推測している。

「アトピー性皮膚炎のほうが、いろいろな環境の刺激で症状が悪化しやすく、電磁波の影響を受けやすいのではないだろうか」

### 精子の濃度や生存率が減少

ケータイを長時間使う人ほど精子の数が少ないという調査結果も報告されている。調査を行なったのは、アメリカ・オハイオ州クリーブランドクリニック生殖研究センター所長のアショック・アガルワル教授たちだ。二〇〇四年九月から〇五年一〇月に、不妊治療のため来院した男性三六一人を対象に調査した。それぞれの精子を採取し、精液量、pH、精子の濃度、運動率、生存率、正常形態率などを分析。ケータイの一日の使用時間に応じて四つのグループに分類して、データを比較した。

その結果、精子の濃度、運動率、生存率、正常形態率については、ケータイの使用時間が長いグループほど低いことがわかった。アガルワル教授は警告する。

「ケータイの使用時間と精子分析データの関連性は、統計的にも非常にはっきりしている。精子数が減っているグループの精子数は、WHOの定める正常値を下回る場合も多い。世界中で数十億人がケータイを使い、その数は増え続けている。人びとはまるで歯ブラシを使うように気楽にケータイを使っているが、それは精子に致命的な影響を与えているかもしれない。研究はまだ検証が必要だが、ケータイの普及率を考慮するとその影響は大きい」

なお、WHOが九九年に発表した精子の基準値は、濃度一ミリリットルあたり二〇〇〇万個以上、運動率五〇％以上、生存率七五％以上、正常形態率一五％以上である。

ただし、この結果の評価に対しては反論も出ている。イギリスのシェフィールド大学のアラン・パシー博士は、次のように述べている。

「質の高い研究とはいえるが、結論には同意しがたい。一日のうちケータイを使う時間が長くなれば、ポケットに入れている時間は短くなるだろう。とすれば、精巣へのダメージがどうして起こるのかが大きな問題となる。ケータイの長時間使用と関連するライフスタイルが要因なのではないか。たとえば長時間使う人は、デスクワークが多く、座っている時間が長いので、精巣に熱が伝わるかもしれない。あるいは、ストレスが多いとか、太っているとかの要因も考えられる」

ケータイの電磁波が精子に与える影響については、すでに多くの調査がある。〇六年に発表された、男性生殖機能に対する影響の調査をレビューした論文には、ケータイの集中的な使用の前後で精子の運動率が減少したという調査結果が紹介されている。

その調査は、前述のWHOの基準をクリアした一三人の男性を対象として行われた。まず五日間ケータイを一切持ち歩かず、使用もしない状態で過ごし、精液を検査。その後四週間おいて、今度は五日間ケータイをベルトに下げて持ち歩き、一日六時間以上通話してもらい、ふたたび精液検査を行なった。その結果、精子の運動率は減少したという。

精子そのものにケータイの電磁波を浴びせた実験もある。二七人の男性から採取した精子を二つに分け、一方に電磁波を浴びせ、他方には浴びせなかったところ、浴びせたほうのグループで運動率と生存率が悪化した。

このほか、レーダーなどによる電磁波を職業的に浴びている人びとに影響が出たという調査結果もある。平均八年間、職業的に電磁波を浴びてきた三一人の技術者を調べたところ、浴びていない人たちに比べて、精子数、運動率、正常形態率などが低下していた。そこで、その後三カ月間は浴びないようにしたところ、三分の二に改善が見られたという。

図3　ケータイの電磁波と鶏の卵の死亡率の関係

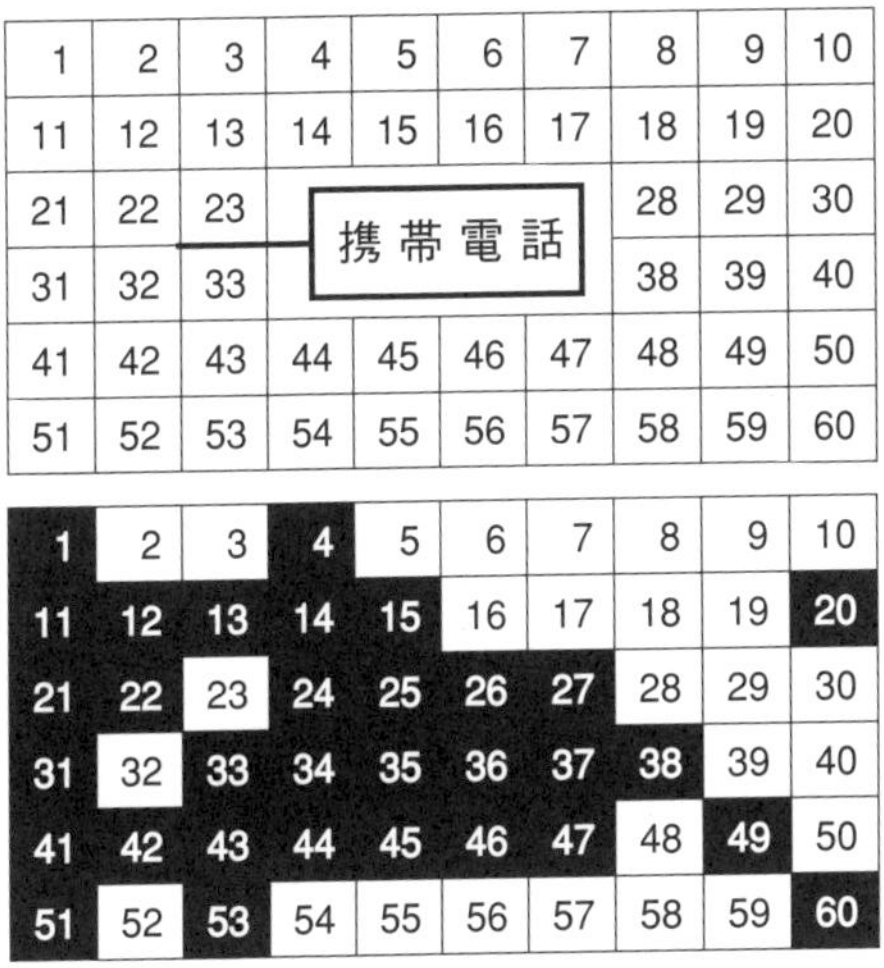


(出典) 植田武智『危ない電磁波から身を守る本』コモンズ、2003年、96ページ。

## 卵の孵化率が六分の一になった

ケータイの生殖機能への影響については、鶏の卵の孵化率の大幅な減少も明らかになっている。それはフランスのモンペリエ大学のユービシエール・シモ博士たちの研究だ。六〇個ずつの卵を二つの孵化器に入れ、一方はその中央部分の一センチ上の位置にケータイを置き(図3上)、ずっと通話状態にした。

もう一方にはケータイを置いていない。そして、二日おきに卵をチェックして、死亡した卵を確認。同じ実験を三回行なった。

その結果には鮮明な違いが見られた。ケータイを置かなかったグループでは卵の平均死亡率は一一・九％なのに対して、通話状態にしたケータイを置いたグループでは七二・三％と、六倍にも増加したのだ。しかも、死亡した卵の位置には、はっきりした特徴がある。図3で白抜きにした数字が死亡した卵だ。ケータイが置かれた周辺に多いのである。

## 5　危険を減らすケータイの使い方

本質的には、使わないか、使用時間をできるだけ短くするのが有効だ。しかし、これだけ日常生活に入り込んでいる以上、なかなかむずかしい。では、使う場合に、どうすれば少しでも危険性を減らせるのだろうか。
①イアホンマイクを使う
電波を発信するのはケータイのアンテナだ。アンテナを離せば離すほど、体に浴びる電磁波は減る。だから、イアホンマイクを使うのが有効である。ケータイを頭から離して通話すれば、電磁波の脳への吸収をかなり減らすことができる。二〇〇二年にニューヨークで開かれたケー

タイの世界的大手企業ノキア社の技術者会議では、通話する際に半数以上がイアホンマイクを使っていたという。

②つながり始めは体から離す

電話番号を入力して通話ボタンを押した直後は、ケータイと中継基地の電波状況がわからないため、必要以上の高い出力で発信する。その後、電波状況に応じて下がっていく。したがって、相手を呼び出している最中は頭から離し、つながってから近づけて話せば、浴びる電磁波を減らすことができる。また、ケータイを胸のポケットに入れるなどして体に密着させないほうがよい。

③通話状態の悪いところでは使わない

ケータイは、中継基地局との電波のつながりやすさによって、自動的に出力を調整している。電波状況のよいところと悪いところでは、出力に最大六〇〇倍もの違いがある。表示されているバーアンテナが三本出ている、つながりやすいところで使うほうが安全だ。

④金属フレームのメガネをかけて使わない

金属フレームのメガネをかけて使用すると、頭部への電磁波の吸収量が増大する。ピアスやイアリングをつけていても、増える可能性がある。金属がケータイの近くにあると、発信される電磁波が反射し、局部的に電磁波が増大するからだ。アメリカでは「金属フレームのメガネをかけていると、最悪のケースでは電磁波が一〇倍になる可能性があるので、安全基準を設定

する場合に考慮しなければならない」と以前から指摘されていた。イギリスの測定結果では、アンテナが金属メガネのフレームに接触すると、電磁波の頭部への吸収率が四六％増加したという。

⑤局所ＳＡＲ値の低い機種を選ぶ

〇二年六月から、頭部への電磁波の吸収率を示す局所ＳＡＲ値がケータイへ適用されるようになった。基準値は一キロあたり二ワット。機種により局所ＳＡＲ値はさまざまで、機種ごとに公表されている。できるだけ低い機種を選んだほうがよい。ＮＴＴドコモ、ａｕ、ソフトバンクなど各社のホームページで機種ごとの局所ＳＡＲ値が閲覧できる。また、各社の直売店でも教えてくれる。

（1）神経細胞を支えるグリア細胞で発生する腫瘍。脳腫瘍の三割を占め、悪性の場合が多い。
（2）聴覚神経の鞘から発生する腫瘍。ほぼ良性だが、脳のほかの部分を圧迫するので治療が必要。
（3）http://broadband.mb.softbank.jp/corporate/release/pdf/20070124 j.pdf
（4）http://www.ncbi.nlm.nih.gov/pubmed/12775614?dopt=AbstractPlus
（5）http://jama.ama-assn.org/cgi/content/abstract/279/19/1566

# 第7章

# ケータイの広告戦略

川中 紀行

## 1 携帯電話の広告は、こうして始まった

一九七九年に登場した電電公社（日本電信電話公社の略称、現在のＮＴＴ）の自動車電話を携帯電話の原点とするなら、これほど商品ポジションが変化し、市場規模やターゲットが拡大した商品は珍しいだろう。そして、母体となる企業（通信事業者）がこれほど煩雑に合併・統合を繰り返した業界も珍しい。

ここでは、「新聞広告縮刷版」をデータベースに、八五年の草創期から二三年間にわたる携帯電話の新聞広告史の大きな流れを踏まえながら、商品ポジションとターゲット設定という広告の根幹をなす二つのテーマを核に、おおよその広告戦略を語っていきたい。なお、広告に起用されるタレントの呼称はさまざまだが、〝（単発ではなく）中長期的な広告キャンペーンのキャラクター〟という意味をこめて、「キャンペーンキャラクター」を使用する。

### 自動車電話からショルダーフォンへ

確認できた最古の自動車電話の新聞広告は、八五年七月の「クルマの中は会議室。」というキャッチフレーズの全五段広告（日本自動車電話サービス）だった。当時の自動車電話の料金は、新設時

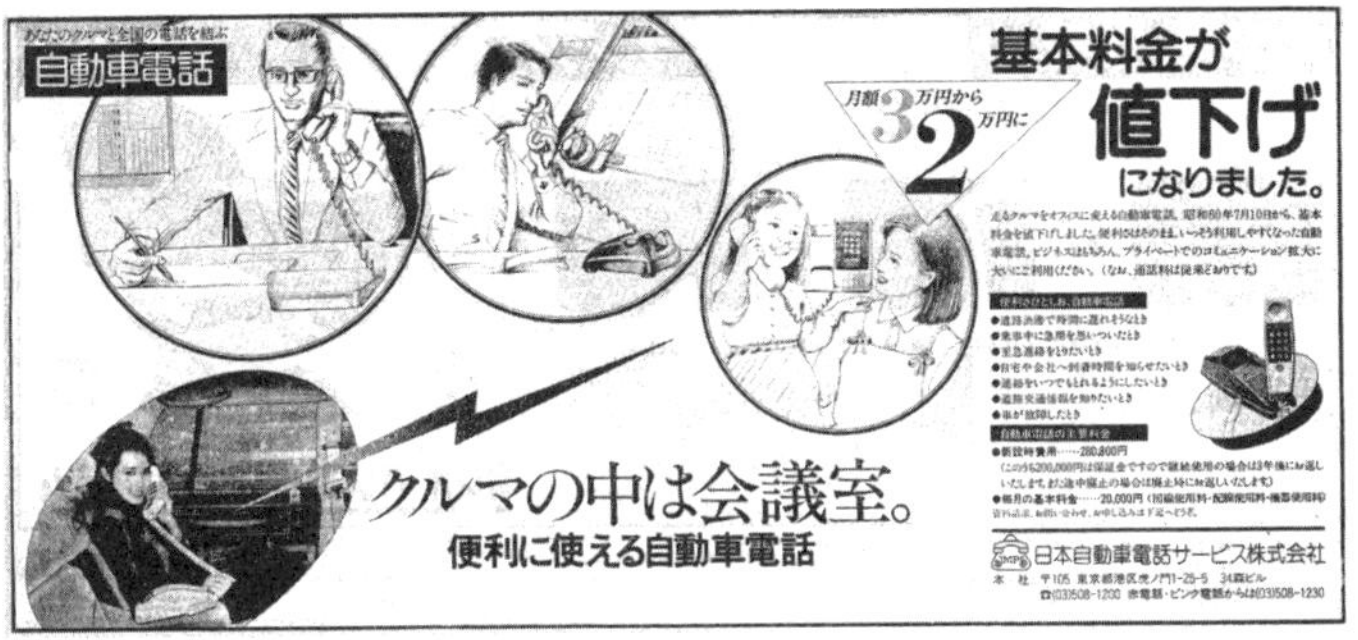


費用二八万八〇〇円（二〇万円は保証金）、月額基本料金二万円である。キャッチフレーズのとおり、ビジネスユースに特化された商品で、とてもじゃないが、「パパが休日にマイカーから電話」なんて代物ではなかった。そして、携帯電話はそれから約五年間はごく限られたＢｔｏＢ（Business to Business の略、企業間取引）の商品として広告され続ける。

この八五年、車載タイプではなく肩に掛けられる、いわゆる「ショルダーフォン」が世に出る。ただ、この年ショルダーフォン１００型を誕生させたＮＴＴは「車外兼用型自動車電話」と呼び、日本自動車電話サービスによる八六年のショルダーフォンの広告には「車内はもちろん車外でも使用できる」という説明が見られる。したがって当時、固定電話と対比されていたのはあくまで自動車電話であり、ショルダーフォンとはいえ自動車電話の発展形の域を出なかったと思われる。

## 日本初の〝携帯電話広告〟の登場

「携帯電話」という言葉が広告に初めて登場したのは、おそらく

八六年以降であろう。八七年二月にＮＴＴ株が上場され、四月にそのＮＴＴが「携帯電話サービス」という名称で、携帯電話の広告を開始する。類人猿が当時〝かまぼこ型〟と言われた携帯電話を持つビジュアルで、キャッチフレーズは「歩く電話。」。コピーで「携帯電話のサービスエリアは自動車電話とほぼ同じ」と、あえて自動車電話をあげて区別した点に〝携帯電話サービスの広告〟への意思が感じられる。そして、類人猿が道具を初めて手にした時代を暗示させるビジュアルからも、新たな電話の歴史を創造しようとするＮＴＴの意気込みが伝わってくる。

次のＮＴＴの広告は「電話は外出の必需品です。」というキャッチフレーズで、「電話が家を出た。会社を出た。車を出た。」というコピーが続く。ビジュアルは私服の女性だ。ビジネスを連想させず、自宅使用も想起させる「電話が家を出た」という一文から、ビジネスユースからホームユースに舵を切ろうとするＮＴＴの思いが伝わってくる。八七年に至って、ようやく一般消費者にもアピールの矛先を向け始めたともいえる。

## 現代につながる広告戦略の萌芽

公社独占体制が打破された八五年の通信自由化を経て八八年に、「動く電話の会社、動きはじめる。」というキャッチフレーズで、日本移動通信(IDO)が携帯電話市場に参入した。ただし、この広告内では「IDOカーフォン、IDOショルダーフォン」という言葉が使われており、携帯電話という言葉が市民権を得ていたとはまだ言いがたかったようだ。同社は翌年「ハンディフォン」というネーミングも使用しており、九〇年には「移動電話は、IDO《イドウ》です。」という広告シリーズを展開。携帯電話の代わりとなる普通名詞獲得のための盛んな広告キャンペーンを行なってい

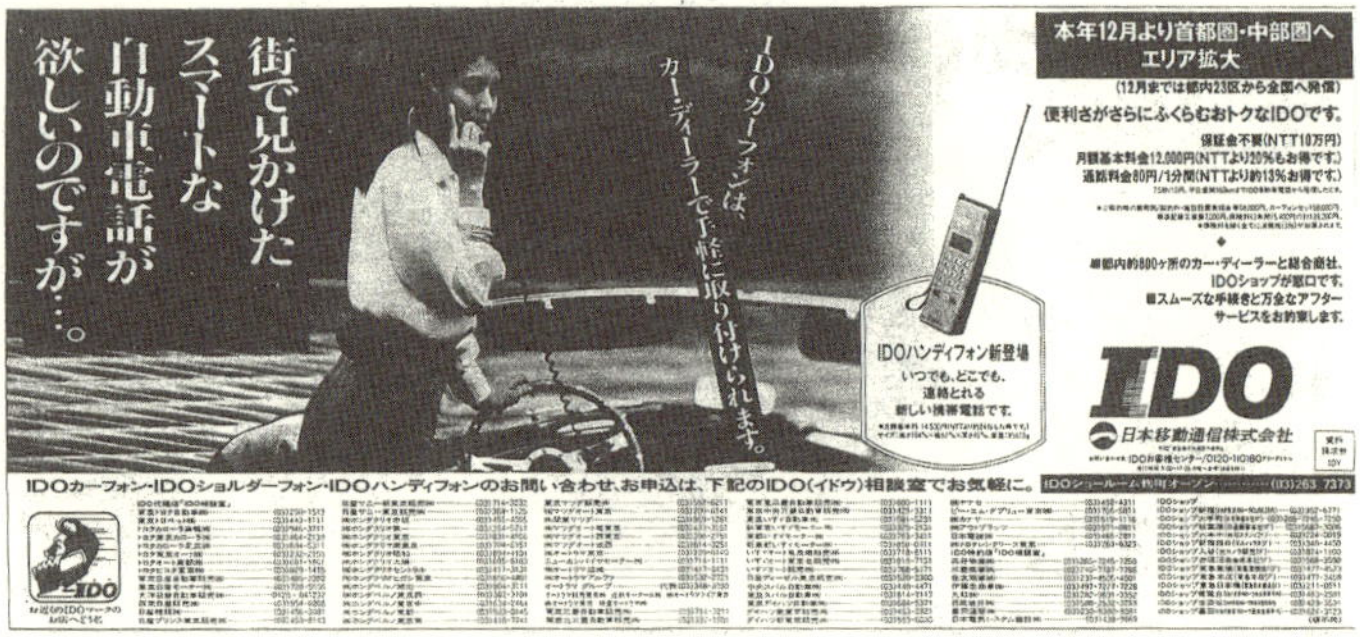


る。携帯電話に代わるこうした普通名詞の争奪戦については後述しよう。

さて、保証金一〇万円のNTTに対し、IDOがスタートから「保証金不要のおトクな料金」を実現したのは〝料金値引き合戦〟の幕開けでもあった。携帯電話戦略の一般ユーザー志向は、このあたりからより現実味を帯びていく。さらに八九年、同社は「街で見かけたスマートな自動車電話が欲しいのですが…。」というキャッチフレーズで、機能ではなくデザインをアピール。料金・デザイン性という現在の携帯電話の二つの広告テーマを先取りした。ちなみに、携帯電話を視野に入れた企業スローガンを初めて冠したのも同社である。その「電話と出かけよう。」は、生活に密着した携帯電話の商品ポジションを明確にアピールしている。

九〇年代初頭には、いまの携帯電話の広告につながる重要なエポックメイキングがあった。商品戦略からそれを実現したのが、九〇年のIDO「MINIMO(ミニモ)」、九一年のNTT「mova(ムーバ)」だ。当時の新聞広告によるとMINIMOは重量約二九八グラム、ムーバは約二三〇グラム(二〇〇七年秋の各社最新機

種は九〇~一五一グラム)。それは、本格的な携帯端末の開発競争の始まりであり、携帯端末それ自体のネーミングの誕生でもあった。そして、最大のエポックメイキングである、キャンペーンキャラクターの起用が始まる。

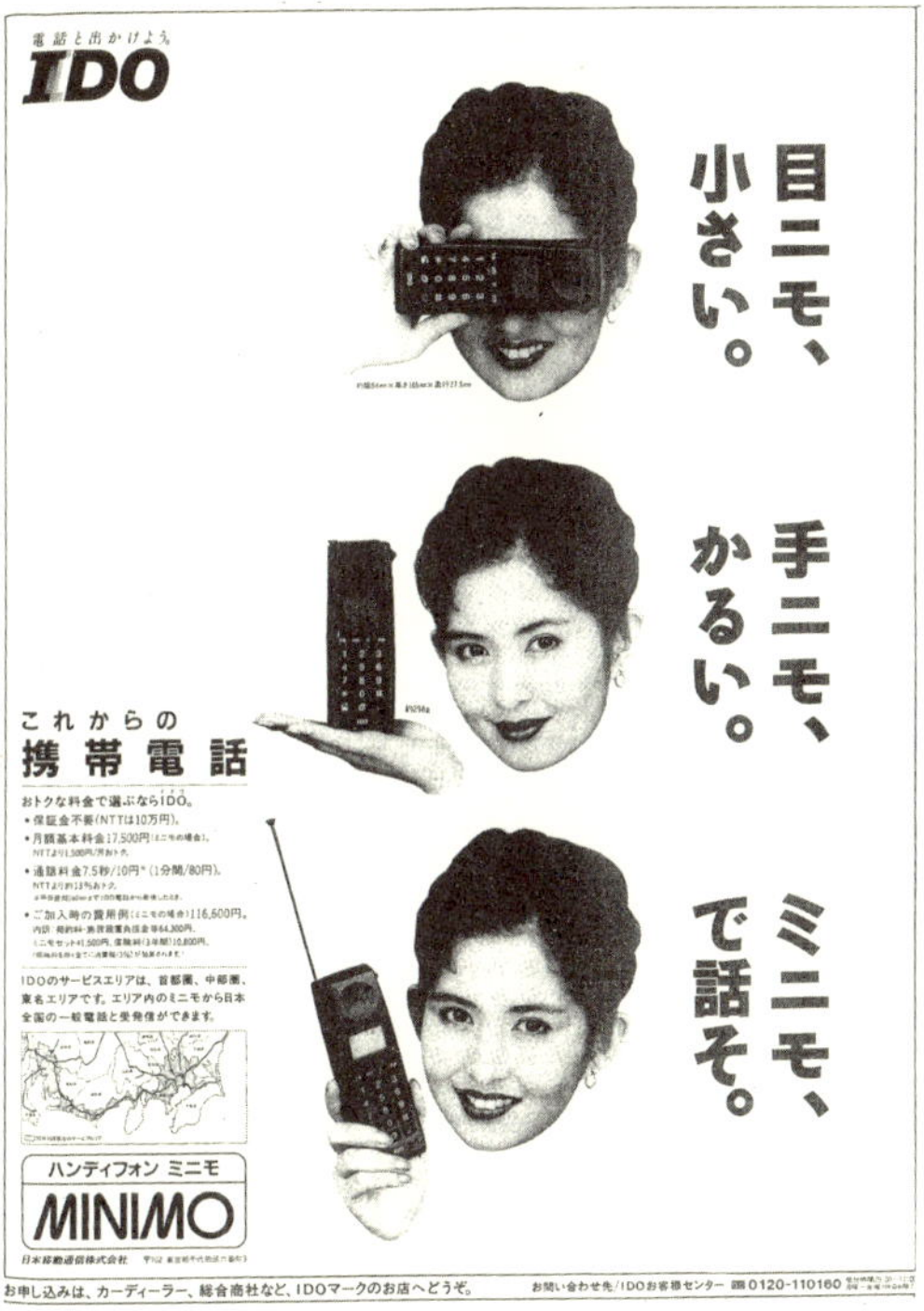


本格的なキャンペーンキャラクターの起用

九〇年に発売されたMINIMO(ミニモ)は、まさに携帯電話の小型化を表現したネーミングに「目ニモ、小さい。手ニモ、かるい。ミニモ、で話そ。」というキャッチフレーズを配して広告展開する。そのキャンペーンキャラクターとして起用されたのが、女優の古手川祐子だった。

これに対してムーバは、米国人俳優のブルース・ウィリ

スを起用。水面に鼻から上を出しているビジュアルに、「いよいよ。」というキャッチフレーズを付けた第一弾に始まる新発売広告は、いわゆるティーザー広告（「tease＝じらす」に由来する広告手法で、情報を小出しにすることで消費者の興味を喚起する）による本格的な広告キャンペーンであった。ネーミングはＭｏｖｅ＝動くから来ていると思われるが、「人と人との素敵なドラマを演出する」「笑ったり、泣いたり、怒ったり、驚いたり、いつでも、どこでも、人は生き者。」というコピーの内容は、人格と一体化した現代の携帯電話文化を暗示させるものとなっている。

当時三一歳だった古手川祐子は、小柄でＭＩＮＩＭＯ（ミニモ）の特性と合致し、ファン層に偏

りが少ない点が支持されたのであろう。ハリウッド映画『ダイ・ハード2』が公開された翌年のブルース・ウィリスの起用は、活動的で感情表現豊かなタレントイメージが広告コンセプトと合致したものと思われる。

並行してNTTは、九〇年から女優の藤谷美紀を起用した広告キャンペーンも行っていた。「電話を持って旅に出た。」という私的な生活空間に向けたキャッチフレーズは、ターゲットをさらに一般消費者にシフトさせようとする意図を示唆している。

こうして携帯電話の広告は、広告分野におけるメインストリームの商品としての地歩を徐々に固めながら、その歴史の第二幕を迎える。

## 2　広告も激戦市場へ

### 広告の巨人NTTドコモの誕生

一九九二年、三六歳の桑田佳祐をメインキャラクターに展開されたのは、NTT移動通信網＝ブランド名「NTTドコモ」の誕生を告げる広告だ。

桑田がリーダーを務めるサザンオールスターズ初のシングルでのミリオンセラー「涙のキッス」が発売された年で、乗りに乗っていた彼らによる「パーソナルコミュニケーションの新時

代を開きます」というメッセージから、その意気込みが十分に伝わる。この年はブルース・ウィリスによるムーバの広告も並行して展開されている。こうしたタレント攻勢に見るかぎり、NTTドコモの誕生によって携帯電話の広告宣伝費も急上昇したことは想像にかたくない。そしてこれ以降、巨人NTTドコモは携帯電話の広告戦略のさまざまなアプローチをリードしていく。

また、NTTドコモはサザンオールスターズをとおして、「日本全国かけられルルル。」と通話エリアの広さをアピールしており、NTTの名によるムーバの広告でも、「あなたの携帯電話は、日本中でかけられますか?」というキャッチフレーズが使われている。これらの広告アプローチから、当時の差別化ポイントが通話エリアにあったことが読み取れる。

## 新規参入のなかの混迷

ＮＴＴドコモの誕生から、携帯電話市場は猛烈な新規参入の時代を迎える。九四年四月には、携帯電話会社が自由化されたが、その前年、「もうすぐ、みんながデジタルホンを持つ世の中になる。」というキャッチフレーズで広告に登場したのが、「デジタルホングループ（日本テレコム中心）」の東京デジタルホン。

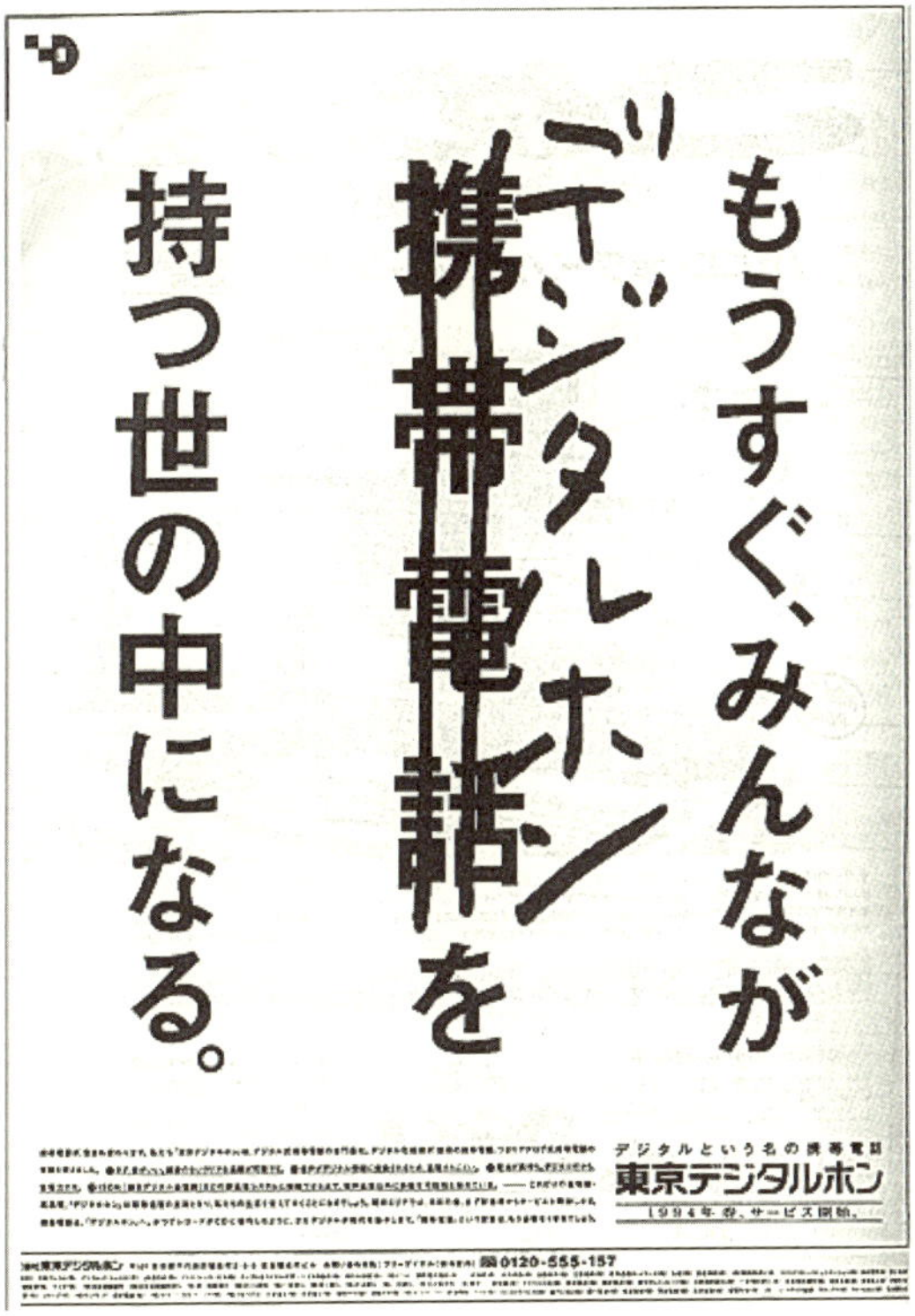


じつはこの広告、「携帯電話」という文字をわざわざ消して「デジタルホン」という文字で修正するというビジュアルになっており、この時点でも「携帯電話」に代わる普通名詞争奪戦が続いていたことを如実に示している。

「第2世代携帯電話、始めます。」というキャッチフレーズで広告したのは、「ツー

カーグループ（日産自動車中心）」のツーカーセルラー東京。第二世代携帯電話とは、これまでのアナログ方式の第一世代携帯電話と異なるデジタル方式の総称であり、新世代の強調で斬新さを狙ったものであろう。

一方ＩＤＯは九三年、古手川祐子から安田成美にキャンペーンキャラクターをスイッチした。ただし、広告のテーマは基本料金のおトク感であり、広告戦略的に見て各社とも決定打は見つかっていない。現在、日本の携帯電話のほとんどが採用するＰＤＣ方式は通話ノイズの少なさと電池の耐久時間の長さを特徴としていたが、これらに特化したアプローチも見られない。やはりＰＤＣ方式を採用したムーバが、「デジタルムーバは、電池の持ちがちがう。」として耐久性をアピールしていたのが目立つ程度で、各社とも総花的なメリット訴求に終始していた。

### ビジネスに照準を当てた本格競争へ

九四年六月に開業したツーカーセルラー東京は、キャンペーンキャラクターに本木雅弘を中心とする「ツーカーズ」という四人組バンドを設定する広告戦略を選んだ。キャッチフレーズを「第2世代携帯電話、いよいよ動く。」とし、携帯電話の新たな世界を、引き続き「第2世代携帯電話」というキーワードでアピールしていった。

一方、四月開業の東京デジタルホンのキャッチフレーズは「うって出ました、東京デジタルホン。」野村克也監督以下、古田敦也・池山隆寛・荒木大輔など当時のヤクルトスワローズの選

手たちが登場した。監督を上司に、ビジネススーツを着た選手たちが部下を演じるこの東京デジタルホンの設定は、企業社会を舞台にしたという意味で、NTTドコモのキャンペーンキャラクター「課長 島耕作（実写版は宅麻伸）」とみごとに相似している。視点を変えて見れば、CMでチェックのスーツに身を包んだツーカーズの本木雅弘は、新聞広告ではビジネスマンに見えなくもない。

NTTドコモもすでに九三年一〇月に一〇万円の保証金を廃止しており、携帯電話はさらに一般消費者に近づいてはいた。しかしながら、まだ当時はビジネスユースの商品、しかも業務上で必要に迫られた人びとの持ち物であった。新規参入の本格スタートにあたり、やはりイメージよりも実を取った各社の戦略が透けて見える。

「ソニーは、デジタル携帯電話をバーチャルオフィスと考えている。」と、やはりビジネスシーンでの活用を訴えたソニーは、携帯電話をノートパソコンやデジタルカメラとつないだ活用を訴えている。さらに翌九五年、東京デジタルホンはキャンペーンキャラクターを忌野清志郎へ移しながらも、部下らしき男性と女性を連れた完璧なビジネスシーンを構築していた。キャッチフレーズは「ほら、三人に二人は、もう持っている。」。この表現は、実際の携帯電話の普及状況より進んでいたと思われるが、それでも社会における携帯電話の比重の高まりを予見していたのは確かだった。

## 旬のタレントたちの一斉投入

本格競争に突入した九四年は、固定電話や携帯電話サービスを担う通信事業者やメーカーの広告におけるキャンペーンキャラクターの多様化も一気に進んだ。

ビジネスイメージを伝える広告から紹介すれば、「かるかるのディーガ」で軽量・小サイズのアピールを展開した三菱電機（ムーバDⅡ）は、アクティブなイメージのある俳優で前年の『an・an』「好きな男ランキング」一位の真田広之を起用。DDI-セルラーグループは、ミュージカル『PLAYZONE』が通算観客動員五〇万人を突破した年の東山紀之（少年隊）を登場させたが、これもオフィシャルなイメージが強い。小型ブランドの先がけである日本電装（TACS《タックス》 MINIMO《ミニモ》）が、〝ミニ〟を引き立てるために起用したジャイアント馬場でさえ、スーツを着こなしている。ちなみに、「恋しさとせつなさと心強さと」を発表したこの年、篠原涼子は課長 島耕作の部下のOLとしてNTTドコモのキャ

ンペーンに加わっている。

また、スリムなスタイルを訴求する日本無線(ムーバRII)が、当時話題となったトーク番組『おそく起きた朝は…』で人気が出ていた華奢な松居直美を、軽快な機能性を持ち味としたNEC(ジュワッキー)が、この年Jリーグに初昇格したジュビロ磐田の中山雅史を、「GOOD LOOKING!」のキャッチフレーズでデザイン性をアピールした東芝(HP-341ほか)は、『新・西遊記』で孫悟空役を務めた唐沢寿明を、それぞれ起用。各キャラクターを見渡しても、そのときの旬のタレントを投入する動きが、ここにきて顕著になった。

さらに九五年、低価格の基本使用料を訴え続けていたIDOは、キャンペーンキャラクターを安田成美から『愛していると言ってくれ』を大ヒットさせた二三歳の新進女優・常盤貴子に切り替える。そして、「全国デジタル宣言」をキャッチフレーズとする大規模キャンペーンをスタートさせたのである。

## 3 携帯広告百花繚乱

### プレゼントキャンペーンの始まり

ここでは、携帯電話の誕生以来一五年を迎えた当時に開始された、新たな広告的な取り組み

や話題について見ていきたい。

ＩＤＯの「全国デジタル宣言」(一九九五年)では、「常盤貴子からあなたへ、うれしいＸｍａｓプレゼント」が企画された。この携帯電話広告におけるいわゆる〝プレゼントキャンペーン〟では、前年(九四年)のＮＴＴドコモの「Ｊリーグチケットプレゼント」が先んじている。「期間中、ムーバなどをご契約のみなさまから、抽選で５００組１、０００名の方に」Ｊリーグチケットプレゼントという仕掛けは、まだビジネスマン＆ウーマンという対象が中心であったにしても、個人による購入が増加していることの証左でもあった。これ以降、プレゼントキャンペーンは拡大し、そのターゲットにおけるビジネスとプライベートの境界はますます消失していく。

## 「携帯」から「ケイタイ」へ

すでに述べてきたとおり、「携帯電話」の代わりとなる普通名詞を自社のものにする試みはさまざまに続けられてきた。

新聞広告を追っていくかぎり、「携帯」ではなく「ケイタイ」というカタカナ表記がキャッチフレーズで最初に使われたのは、九四年初頭のＮＥＣ「ムーバＮ」の広告「ケイタイするならＮＥＣ」、もしくは三菱電機「ムーバＤⅡ」の広告「着るようにケイタイする」である。また、ＮＴＴも先の「ジュワッキー」の広告で「携帯電話」という言葉にわざわざ「ケイタイ」というルビを振っている。

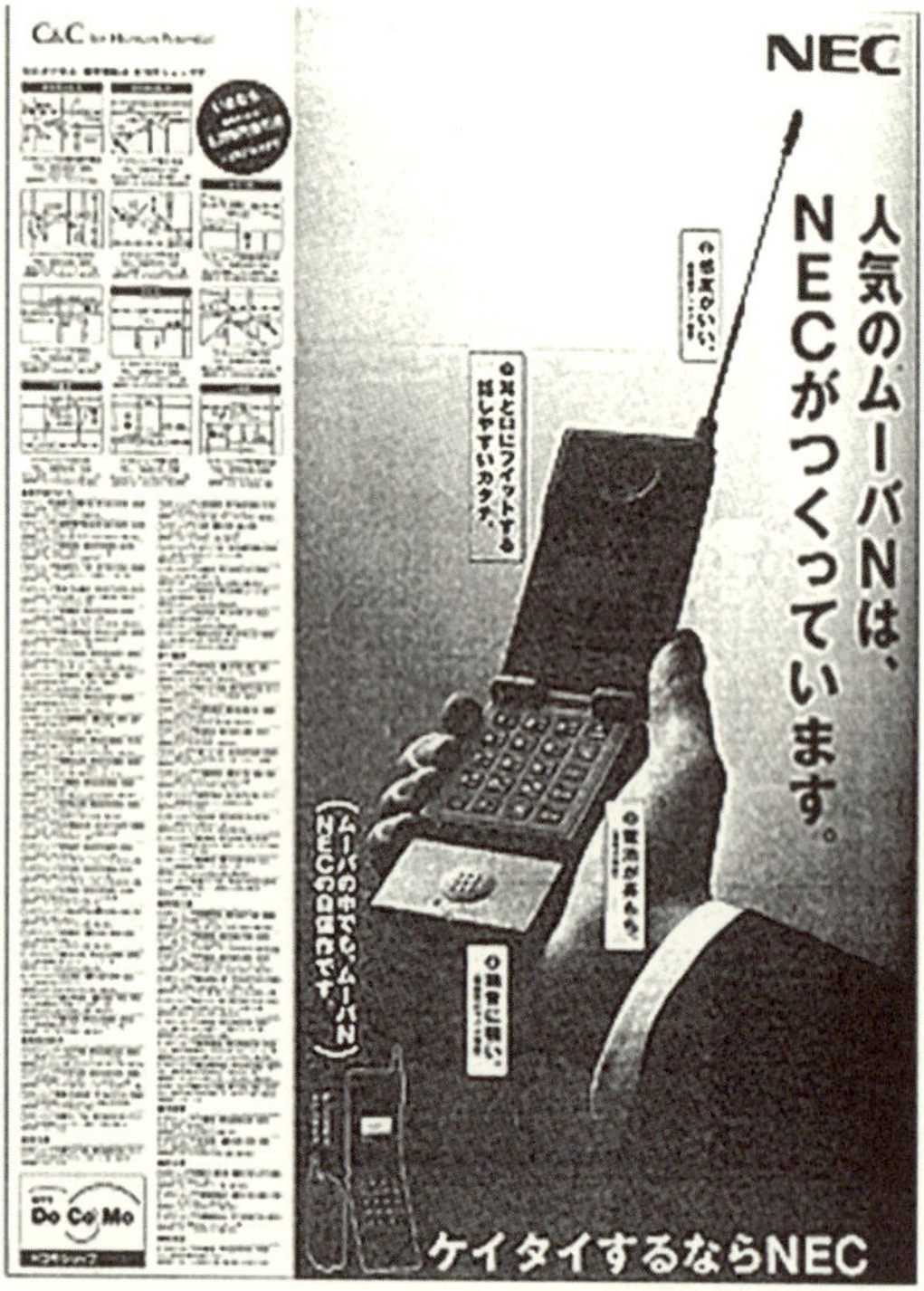


この「携帯」から「ケイタイ」への転換は、単なるコピー表現にとどまるものではない。携帯電話という存在が、カタカナで表現できるほど親近感をもち始めた時代の空気を反映していたのである。

九六年にはNTTドコモが、織田裕二を新たなキャンペーンキャラクターに据えた「ドコモの携帯電話」シリーズで、「明日にかけるケイタイ。」「ケイタイ持った。何かが変わった。」と続けざまに「ケイタイ」を使い、〝課長 島耕作〞キャンペーンでも、宅麻伸に「'96年、いよいよケイタイを手に入れる。」と言わせている。業界トップのNTTドコモの広告が「ケイタイ」を使用したことで、携帯電話の商品ポジションはまた一歩、一般市民に近づいた。

## 早くもマナー広告が登場

ターゲットにおけるビジネスとプライベートの境界消失直前にあった携帯電話市場において、広告戦略面の成熟は〝キャンペーンキャラクターの充実〟や〝プレゼントキャンペーン〟の増加に加えて、マナー広告の露出にも見られた。

総務省情報通信政策局「通信利用動向調査報告書世帯編」によると、九六年三月末の段階で、単身世帯を含む普及率は携帯電話が二四・九%、PHSが七・八%である。こうした普及途上にもかかわらず、早くもマナー広告が現れたのは、携帯電話という道具の強烈なインパクトを示しているとも言えよう。それだけ〝携帯電話を公共の場で使う人〟への世間の注目度は高かったのである。

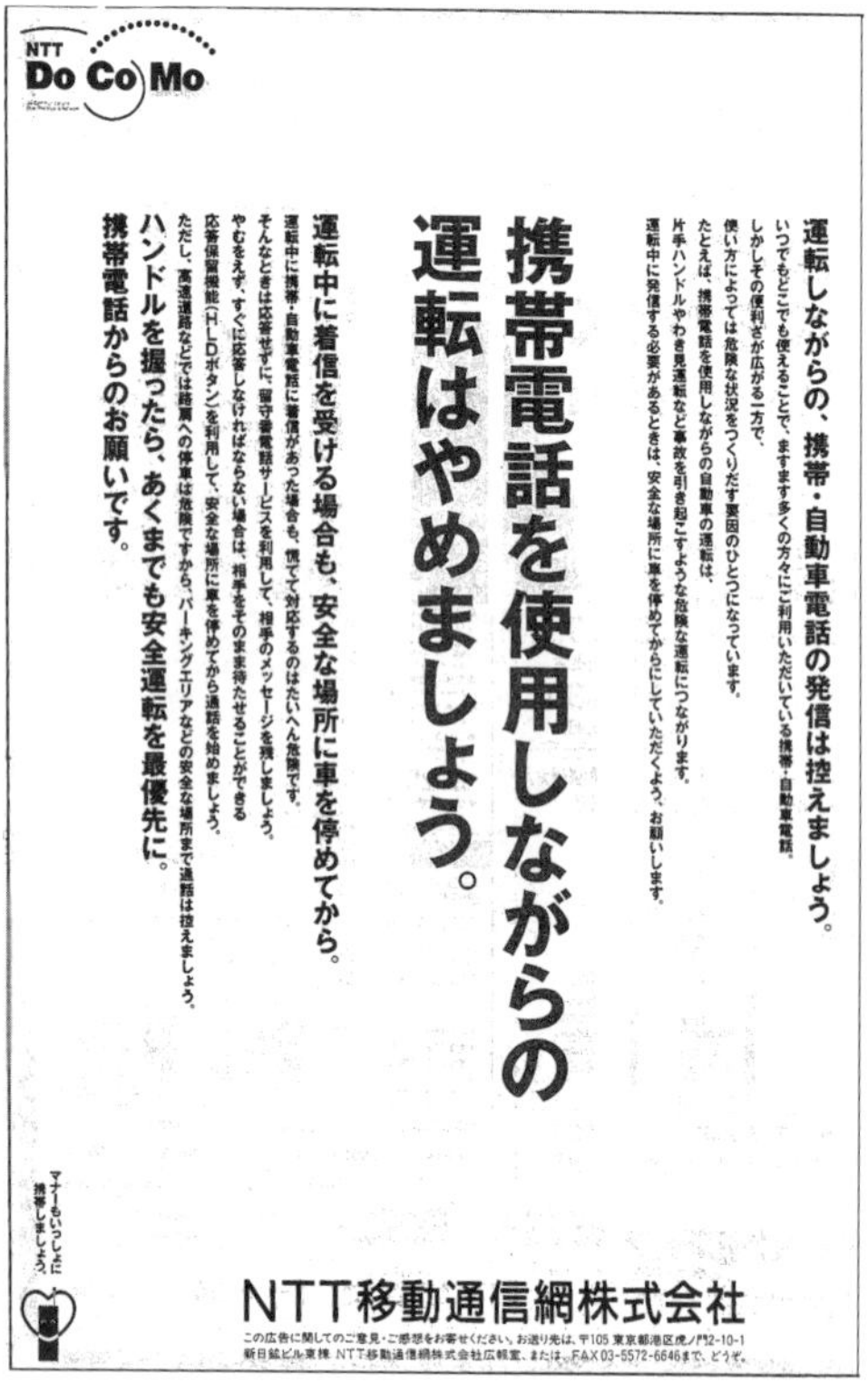


九六年に、NTTドコモは「携帯電話を使用しながらの運転はやめましょう。」とドライブ時の携帯電話使用の危険性を訴え、松下通信は「一生懸命な人なんだな、と思った。こまった人だな、とも思った。あなたはどうですか? 携帯電話のマナー。」というキャッチフレーズで、電車内でおじぎをしながら携帯電話で話すビジネスマンの姿を取り上げている。また、この年、NTTドコモは「30、881名さまにご協力いただき、38、366本の使用済み電池が回収できました。」で、電池回収による環境広告も展開している。

ただし、携帯電話の広告に「マナー」という言葉が登場したのは、少なくとも九五年の富士通(デジタル・ムーバFII)の広告「マナーのよい携帯電話。」が先であった。これは電話に出られな

いときのいわゆる〝マナーモード〟のもっとも早い訴求広告のひとつだったが、携帯電話の公共マナーはこの当時から社会問題化していたと言えよう。

### 初の家族対象の広告キャンペーン

このころ、サザンオールスターズやヤクルトスワローズ、課長島耕作(宅麻伸・篠原涼子)など、複数キャラクターによる広告がなかったわけではない。しかし、あくまでこれらはビジネス市場をターゲットにしたキャンペーンであった。これに対して九五年、明らかに一般消費者を対象にした複数キャラクターによる広告キャンペーンを行なった企業がある。どこあろうそれは、携帯電話の広告戦略を語るうえで無視できないPHS(九五年七月サービス開始)の通信事業者である。

DDIポケットは柄本明、岡本麗、大塚寧々、鈴木清順と、それぞれ当時四七歳、四四歳、二七歳、七二歳の四名(ほかに男の子の子役一名)を配し、「ポケット電話は、ひとりに一台。」とアピールした。〝家族〟をどこまで意識したかは別として、F1層(二〇～三四歳の女性)から団塊の世代、シルバー世代までをカバーしたキャスティングに、ビジネスのイメージはまったくない。また、アステル東京・関西は「天才バカボン」の家族四人(＋レレレのおじさん)をキャラクターに据えて、文字どおり家族をターゲットとした広告戦略を採用。NTTパーソナルは、とんねるずをキャラクターに採用しつつ、木梨憲武はビジネスマン&ウーマン、中年女性、青年

の四役に扮して、しっかり世代別訴求を展開している。

ＰＨＳ各社が携帯電話各社に先駆けて家族や各世代をターゲットにした広告を展開した背景には、周波数帯域などの理由により通話エリアの確保がむずかしかったという事情もあったのではないか。たとえばアステル東京は、広告で「関東一円の電柱や駅に多数のアンテナを設置でき、通話エリアのきめ細かな充実を可能にしました。もちろん、デパート、スーパー、地下街、ホテル、大学キャンパスなど、みんなが集まるおでかけ先でもご利用いただけます。」と、やや言い訳めいた説明を素直に展開し、「おでかけ電話は、これでいいのだ。」とメッセージしている。

しかし、ＰＨＳ各社がこのまま家族や各世代別のアプローチを続けたわけではない。翌九六

年、ＤＤＩポケットはキャラクターに華原朋美を加入させ、アステル東京はこの年、アトランタ五輪で「マイアミの奇跡」を起こした日本サッカーチームの主将・前園真聖と当時一七歳の榎本加奈子へと広告の顔をシフト。また、ＮＴＴパーソナルは世代別訴求を一転させ、萩原健一・木村佳乃の上司と部下コンビにキャラクターを変えながら広告展開している。そして、この広告戦略の乱れは、ＰＨＳという通信サービスそれ自体の衰退を示唆していたのである。

家族がテーマではないが、ビジネスシーン以外では、常盤貴子が王女に扮して王子と恋愛するという個人的なストーリーを組み込んだＩＤＯの広告が、むしろ特筆されるべきだろう。

## 4　〝ケータイ〟元年

### 九九年という年の広告

一九九九年は、携帯電話の広告を語るうえで記念碑的な年であると言ってよいかもしれない。ＮＴＴドコモが「ｉモード」をスタートさせて携帯電話の概念を塗り替えた年であり、九七年に合併で生まれたＪ－ＰＨＯＮＥが携帯電話の広告史上最強とも言ってよいキャンペーンキャラクター藤原紀香をとおして強烈なインパクトを残した年でもある。「通信利用動向調査報告書世帯編」による九九年三月末の単身世帯を含む普及率は、携帯電話のみで六四・二％に達し、初

めて六割を超える。それはまた、〝携帯〟から〝ケータイ〟へ、イメージが一新される節目の年でもあった。

それまでの携帯電話のマーケットにおける特徴を語るとすれば、サービスの主体となる通信事業者がわずか二〇年間に激しい栄枯盛衰の歴史を重ね、幾多の合併・統合を重ねてきたという特殊事情があげられる。広告戦略的に見て、そうした事情がもたらした最大の損失は長期的な企業ブランドの認知促進施策が不十分であった点ではないか。そんな空気が引き金になったのか、この年は、競合他社のキャンペーンキャラクターとなっていたタレントが間を置かず一方の会社に移るという、前代未聞の出来事も生じている。

### iモード単独キャラの誕生

「話すケータイから、使うケータイへ。」という「iモード」のキャッチフレーズは、まさに携帯電話の新たな概念を表現していた。そのキャンペーンキャラクターを務めたのは広末涼子。九六年からNTTドコモのポケットベルのキャラクターを務めていた当時一九歳の彼女が、ついに携帯電話を革新するサービスの顔になったのである。九〇年代後半にポケットベルに熱中した高校生たちの層（ポケベル世代）とiモードのターゲットがそれほど乖離しなかったことに加え、早稲田大学に入学した年の広末涼子の爆発的人気は（その翌年から下降し始めるものの）、NTTドコモの商品（ポケベル）イメージを残すその経歴とともに魅力的だったのだろう。

しかし、このときiモードはまだNTTドコモの全機種には対応してはいない。したがって、九六年からNTTドコモのキャンペーンキャラクターを務めていた鈴木京香が、携帯電話とPHS（九八年にNTTパーソナルから譲渡）の一般的な広告のイメージづくりを担っていた。とくにドコモショップの広告は鈴木京香のイメージが定着していたが、複数タレントによる広告展開を進めてきたNTTドコモはこれ以降、それをますます促進させていく。

## "ケータイ"とは何物か

ともかくも、iモードの誕生によって携帯電話という商品の市民にとっての位置づけは明らかに変化した。広末涼子による「話すケータイから、使うケータイへ。」キャンペーンのサブキャッチは、「探す。調べる。いろいろできる。」である。また、NTTドコモは当時一七歳の滝沢秀明を起用した広告で「モ

バイルマルチメディアの先頭へ。」とアピールしており、携帯電話は〃マルチメディア〃そのものへと進化していった。

一方、ツーカーセルラー東京はキャンペーンキャラクターに当時二三歳の観月ありさを起用し、「モテ、アソベ。」のキャッチフレーズで広告展開している。この広告は「スカイメッセージ」という同社の携帯メールのアピールを目的としており、会話による通信機器であった携帯電話と一線を画した新たなイメージを創り出そうとした意図が見える。

こうして携帯電話がその概念を変えた九九年以降、〃われわれにとって携帯電話とは何か〃を明快に語った広告は存在し得ていない、と私は考える。携帯電話を単なる〃モノ〃以上の存在に昇華させてしまったユーザーを広告はもてあましていた、と言ってよいかもしれない。なお、

九八年前後に生まれたと思われる「メル友」という言葉がツーカーセルラー東京の九九年の広告で使用されている。この言葉に現代若者の人間関係の明と暗が凝縮されていることは、ご承知のとおりである。

そして世紀末の二〇〇〇年、J−PHONEは「もうデンワじゃない。75サイト！J−Sky サービス」と、長年奮闘してきたIDOとDDI−セルラーが合併したau by KDDI（au）は「はじめよう、インターネット。」と、さらにツーカーセルラーグループは浜崎あゆみをキャンペーンキャラクターに「話せるだけじゃ、ハナシにならない。」と、それぞれキャッチフレーズで〝話す〟にはないインターネットの魅力をアピールした。

## J−PHONE〝藤原紀香伝説〟

藤原紀香。『ナオミ』で連ドラ初主演を射止めた彼女にとって九九年という年は〝紀香ブーム〟の本格的始まりだったといえよう。出演CMもJ−PHONEを含めて一〇社にのぼり、〝CM女王〟という称号も与えられた。

「ツナガル、シカモ、イイ音デ。」というキャッチフレーズのもと、屋内・地下鉄・地下街などを含めた基地局の増設による通信品質向上という経営戦略と相俟った広告戦略は、藤原紀香の魅力とともにJ−PHONEに大幅な売上拡大をもたらした。「この夏、J−フォンの加入台数、200万台を突破。皆さまのご支援に、感謝します。」というキャッチフレーズで藤原紀香

がブランコをこぎ、すらりとした脚を大きく投げだしたビジュアルは、当時の勢いをそのまま物語っている。

二〇〇〇年に、ライバルのNTT移動通信網が正式に㈱エヌ・ティ・ティ・ドコモ（NTTドコモ）へ商号変更する。だが、同年一月の林義郎Jーフォン代表取締役社長（当時）との対談で「Jーフォンは藤原さんと成長したと思っている」とまで言わしめた〝CM女王〟としての藤原紀香のパワーは、衰えを見せはしなかった。この年の一一月、「撮った画像をメールで送る。待受画面や着信画面にもできる」カメラ付携帯電話が誕生。翌年六月に「写メール」というサービス名が付くと、当時二一歳だった酒井若菜とのWキャストで爆発的な人気を得る。日常の具体的な使用シーンの提示により、「写メール」というネー

ミングの認知度も飛躍的に向上した。

藤原紀香とJ－PHONEの関係は、タレントのパワーがダイレクトに社業の発展に結びついた顕著な事例として広告史に特筆されるべきものであろう。

## 〝ケータイ〟元年の意味

NTTドコモが「iモード」をスタートさせ、史上最強の携帯電話のキャンペーンキャラクター藤原紀香が登場した九九年を〝ケータイ〟元年と名づけたのは、やがて「写メール」へと続くこの年が携帯電話の商品ポジションを大きく変えた契機となったからだ。つまり、この年から携帯電話は、まさに（より機能的で親近感を深めた意味で）〝ケータイ〟になったのである。

九九年の正月広告で、DDI－セルラーグループは「このケイタイが、世界の主流。」とcdmaOneをアピール。IDOは「一年のケータイは元旦にあり。」なるキャッチフレーズで、IDOプラザを訴求した。いずれも元旦掲載であったことは、この「ケイタイ」と「ケータイ」の二語に両社が新たな未来を象徴化したことを意味する。

この年、NTTドコモは「わたしの、ケータイ。」なるキャッチフレーズでシルバー世代向けの「らくらくホン」をデビューさせている。前述のとおり、九四年から九六年にかけて「ケイタイ」という呼称が使われ始めたが、九九年にこの「ケータイ」という表現が現れた。二〇〇〇年にはａｕも、「海外での感動は、ａｕのケータイで、日本に伝えよう。」という広告を露出

している。
　しかし、こうした表記の変遷のなかでJ-PHONEは、二〇〇〇年に「遠くのATMより、近くのケータイ。」というキャッチフレーズで「Jスカイ」を訴求したかと思えば、カメラ付携帯電話の広告では「ケイタイ初!カメラがついた。」と言語不統一の状況を呈している。この「ケータイ」VS「ケイタイ」の争いは、〇一年のau「ぼんやり世界地図を眺めていて、『日本ってケータイに似てるなあ』と思ったのでした。」、NTTドコモ「21世紀の初夢ケイタイ。」でも見られる。
　ただし、このNTTドコモの広告で、「話すケータイから、使うケータイへ。」という「iモード」のキャッチフレーズを自らもじって「『話すケイタイ』から『使うケイタイ』へ」と言い替

えた意図は理解不能だ。何しろ、その翌日の鈴木京香によるドコモショップの広告では、「ケータイで、自分のメールアドレスが持ちたいんだけど。」と堂々と「ケータイ」という表記を使っているのだから。

通常、企業は広告の用字用語を統一するのが当然であるし、まして携帯電話の会社の広告における「携帯電話」の表記方法である。それが統一されていない状況は、広告戦略の怠慢と言ってしかるべきであろう。

ともあれ、この年代になって明らかに携帯電話のカタカナ化は進む。そして、それはiモードに始まる携帯電話のコンセプトの拡大・変革と表裏一体だったのである。

### キャンペーンキャラクターの乱

広告的な混乱は「ケータイ」と「ケイタイ」の使い分けにとどまらない。もうひとつの混乱、いや乱と言ってもさしつかえないのが、キャンペーンキャラクターの競合他社への移籍である。

ケータイ元年の九九年、単なる業界記事を超えて社会の注目を集めたのが〝織田の乱〟だ。九六年からNTTドコモのキャンペーンキャラクターを務めていた織田裕二はこの年、長年、競合関係にあったIDOに移籍した。CMの内容は、自分の持つ携帯電話の通信品質に腹を立てた織田裕二が、IDOのショップに足を運ぶというもの。新聞広告のキャッチフレーズも「シーディーエムエー・ワンってやつ、僕のとどう違うんですか?」と挑発的だ。

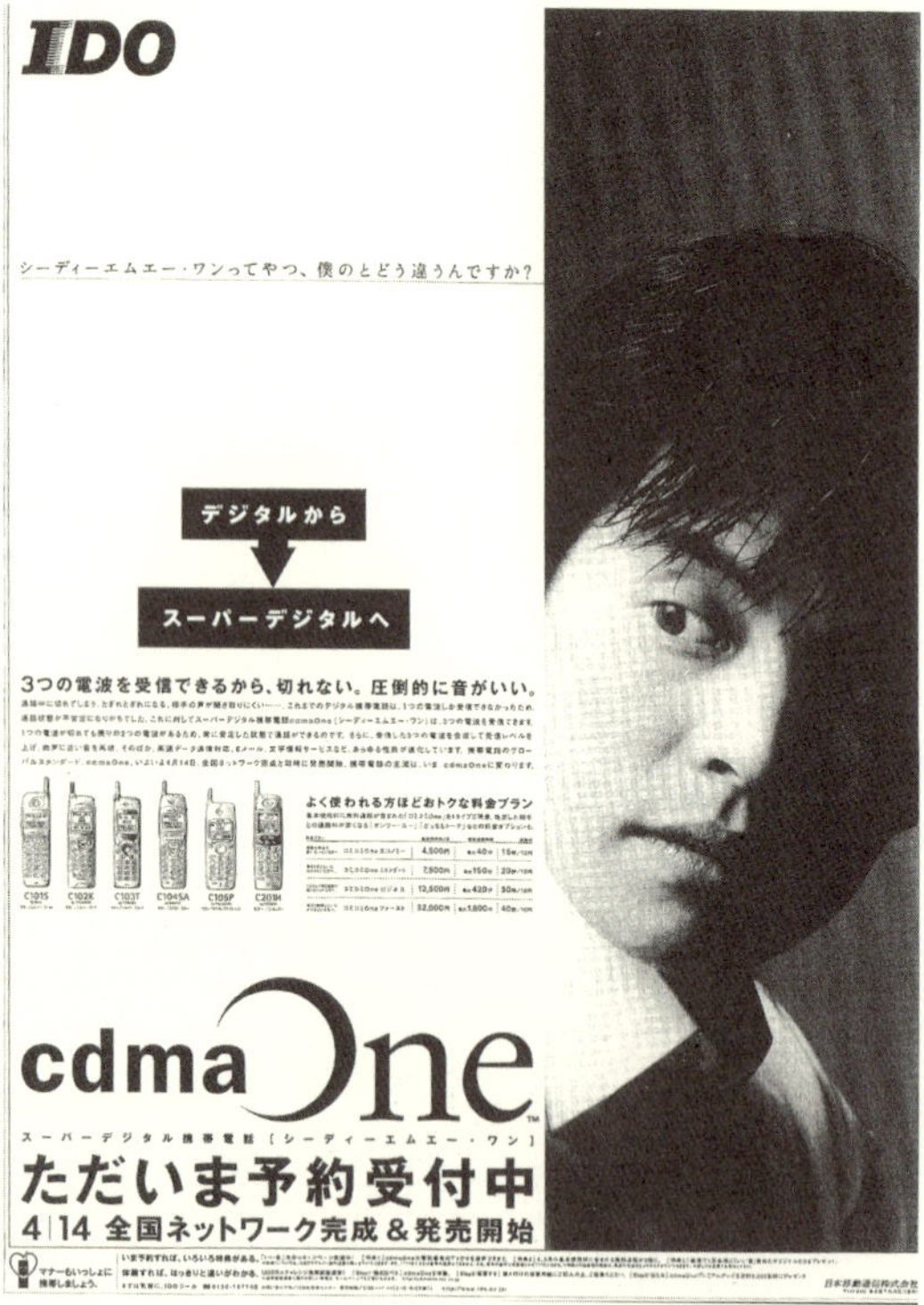


この「僕の」がNTTドコモの携帯電話をイメージさせるのは容易だし、IDOの狙いも、もちろんその点にあったはずである。当時、NTTドコモの契約終了とIDOのCMオンエア開始との間は約一カ月ともいわれている。これはきわめて異例である。

〝織田の乱〟以外にも、キャンペーンキャラクターの競合他社への移籍は数多い。〇七年に、「さて、そろそろ反撃してもいいですか?」に始まる起死回生を狙ったNTTドコモの広告で先輩格のキャラを演じている浅野忠信は、二〇〇〇年のau「ガク割半額」に登場していた。同じNTTドコモの広告に出演の妻夫木聡は、〇五年に南海キャンディーズのしずちゃんと、やはりauのCMで競演している。

〇五年にボーダフォン「ＬＯＶＥ定額」のキャンペーンキャラクターを務めた岡田准一も、じつは九九年にＶ６のメンバーとして関西セルラーのＣＭに出演していた。また九七年、「私を、私たちにする。」でＪ－ＰＨＯＮＥ設立時の広告に出演していた永瀬正敏は、〇一年には「インターネットは、わたしです。」なるＫＤＤＩの広告に出演。偶然にも「私」をテーマに別々の広告主のメッセージを代弁している。女性のキャンペーンキャラクターでは、九四年に宅麻伸（課長島耕作）の部下のＯＬとしてＮＴＴドコモの広告に起用された篠原涼子が、〇七年に「ａｕデビューの春」で仲間由紀恵と競演している事例がある。

織田裕二のケースはともかく、その他のキャンペーンキャラクターの移籍事例は他業種でも見られる。だが、これほどまでの多さは合併・統合、ブランドネームの変遷を繰り返した携帯電話業界ならではであろう。携帯電話ユーザーたちは、「ＩＤＯって、いま何ていう会社だっけ？」なんて、携帯電話業界の混乱ぶりを楽しんでいたのかもしれない。

## 5　二一世紀の携帯電話広告

### ミーメディアへ

携帯電話は単なる通信ツールから、使用者の人格と奇妙な同一化を示す物体に変化しつつ、

やがて現代人は携帯電話をとおして自らの存在価値を確認するまでになる。

私は「〝われわれにとって携帯電話とは何か〟を明快に語った広告は存在し得ていない」と書いた(一八〇ページ)。しかし、携帯電話そのものの存在を問いかけた唯一の企業広告が世紀末の二〇〇〇年に生まれている。J-PHONEの「ミーメディアへ」だ。林義郎代表取締役社長(当時)は、「ミーメディアはその人自身の感情や個性や感性に直接関わり、働きかけるメディアである」と、スローガンのコンセプトを広告で語っている。

この「ミー」という言葉がNTTドコモの「i(アイ)」モードを意識して選ばれたのは明らかだ。ただし、自己中心的な携帯電話の使用が問題視されていた当時、「自己中心主義」とも訳される「ミーズム」を連想する「ミーメディア」という表現の使用が適当であったか否かは疑問である。

「ミーメディアへ」キャンペーンは、二一世紀に入って「自分らしさ、持ってる?」というキャッチフレーズのもと、〝自分らしい生き方〟を企業メッセージに継続されていく。当時、イタリアのセリエA・パルマに在籍していた中田英寿を起用して展開されたこの企業広告は、結局は女性誌の「あたらしい、私になる」などの特集に近い表面的なメッセージの域を出なかったが、それでも得体の知れない存在になりつつあった当時の携帯電話を、使い手であった現代人の生き方と重ね合わせながら問い直す唯一の広告からのアプローチであった。

その中田英寿のビジュアルに、やがて「vodafone」という文字が入るようになり、いつの間に

かＪ－ＰＨＯＮＥの広告から藤原紀香の姿も消える。やがてスタートしたこの外資系携帯電話会社が、料金制度の変更など強引な経営手法で業績悪化の一途をたどったのは記憶に新しい。

**ターゲットの細分化・多様化**

前述したように、「家族」をテーマにした広告キャンペーンはすでに一九九〇年代にスタートしている。しかし、ＮＴＴドコモが〇二年に始めた「ケータイ家族物語」は、「一度の送信操作で、一二人まで同時にメールを送ることができる」フレンドメール12をはじめ、携帯電話の機能と家族のコミュニケーションを結びつけたという意味で、より具体的で販促的になっていた。つまり、携帯電話という存在がますます多機能化した時代に生まれた新たな広告戦略であった

のだ。

田村正和以下、鈴木京香・加藤あい・宅麻伸・坂口憲二と、これまでのNTTドコモのキャンペーンキャラクターを務めたタレント総動員によるキャスティングで、鈴木京香に至っては契約期間がじつに六年目に突入していた。この〝物語〟のなかで祖父役の中村嘉葎雄に渡されたのが「らくらくホンⅡ」。

九九年に「とことんシンプルで使いやすいケータイ」として機能をしぼり、ボタンなどを大きくして発売された「らくらくホン」は、その後シルバーマーケットを着実に開拓しながら、ロングセラーとなっていた。
「らくらくホン」が広告戦略に与えた影響は、母の日、父の日、敬老の日など、〝イベント時に携帯電話を贈る〟

というライフスタイルを掘り起こした点でも大きい。こうしたターゲット・販促ポイント細分化の流れは、次に子ども世代をターゲットにした広告戦略につながる。

〇六年には「こどもたちのために、ケータイができること。ドコモは、はじめています。」として、携帯電話のマナーやセキュリティ教育も含めた「ドコモの学校」キャンペーンを展開。機能をていねいに説明した「キッズケータイ」なる新商品広告まで、一貫して子どもマーケットへのアピールを行なっている。

こうしてＮＴＴドコモがつくりだした流れは、〇四年のａｕ「ガク割」「家族割」キャンペーンや同社の「ジュニアケータイ」の商品広告、〇五年のツーカーセルラー東京の母の日キャンペーンや同年の富士通の広告「ケータイをプレゼントして、初めてわかった。父さんって、電話嫌いじゃなかったんだ。」など、業界全体の細分化・多様化の戦略を後押しした。

## 料金プランの広告

二一世紀の広告の流れ、いや携帯電話の広告戦略を語るうえで、もっとも主流でありながらほとんど語ってこなかったテーマがある。それは〝料金プラン〟の広告だ。それは、携帯電話草創期から最大の広告テーマであり続けた。そもそも固定電話を含め、この通信業界ほど〝料金プラン〟への広告投資が多い業界も珍しい。

生活基盤のひとつで料金体系が重要である点はもちろんだが、通信事業者にとって料金の安

さを訴えることは果たしてどれほどの広告効果をあげていたのか。その精緻な検証は困難だが、現在の広告戦略を語るうえで見逃せない〝料金プラン〟の広告があった。それは、英国のボーダフォンからボーダフォン日本法人の譲渡を受けた、ソフトバンクモバイルの「¥0」(0円)キャンペーンである。

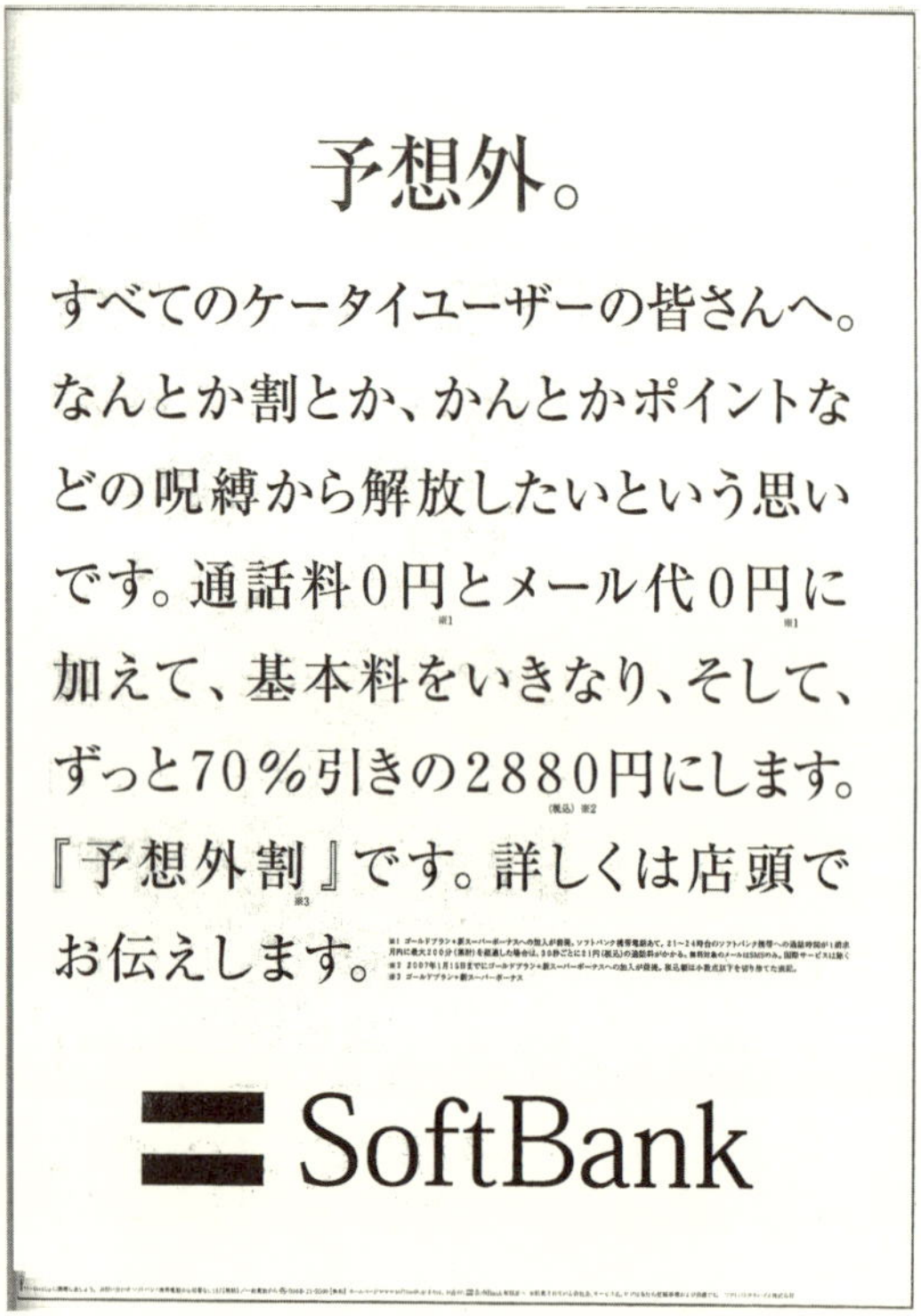
予想外。
すべてのケータイユーザーの皆さんへ。
なんとか割とか、かんとかポイントなどの呪縛から解放したいという思いです。通話料0円とメール代0円に加えて、基本料をいきなり、そして、ずっと70%引きの2880円にします。『予想外割』です。詳しくは店頭でお伝えします。
SoftBank

〇六年に米国女優のキャメロン・ディアスを起用した広告は、それなりの評判を呼んだ。しかし、「予想外。」というキャッチフレーズを打ち立て、「なんとか割とか、かんとかポイントなどの呪縛から解放したいという思いです。」というメッセージを広告で送りながら、じつはソフトバンクの機種同士のみが無料で、時間

表1　三社の携帯電話契約数の伸び率とシェア

| 企業名 | 契約数 | | シェア | 伸び率 |
|---|---|---|---|---|
| | 07年1月 | 07年12月 | | |
| NTTドコモ | 52,220,800 | 53,150,500 | 52.9% | 101.78% |
| au | 26,230,100 | 29,195,600 | 29.0% | 111.31% |
| ソフトバンク | 15,660,500 | 17,613,500 | 17.5% | 112.47% |

（注）伸び率は2007年1〜12月。シェアは07年12月現在で、その他0.6%。
（出典）社団法人電気通信事業者協会（TCA）発表のデータ。

帯制限もあることなどが、消費者からのクレームを呼ぶ。

公正取引委員会も、景品表示法（不当景品類及び不当表示防止法）の規定に違反する恐れがあるとしてソフトバンクモバイルに警告を行なった。常識的に考えれば、これだけの制限が付きながら大々的に¥0を訴えることは、他業界では避けられて当然だ。

その点を消費者に見透かされたのか、センセーショナルな広告表現にもかかわらず、この年の純増数（新規契約数から解約数を引いた数）一位の座はａｕに譲っており、〝料金プラン〟訴求の限界も感じさせた。ただし、翌年の「ホワイトプラン」では、孫正義社長曰く「※印の付帯事項を一切無くし、誰もがわかりやすいものとした」商品（広告）戦略が当たったのか、勢力を盛り返している。

## 広告が向かう先は「人」へ

○七年の携帯電話契約数の伸び率を見ると、ａｕとソフトバンクが好調である（**表1**）。プロダクトデザイナー深澤直人氏が手がけたスマートで斬新なデザイン性などau成功の理由はいくつかあげられるが、最近はソフトバンクモバイルの健闘も顕著だ。一方、シェアを減少

し続けているNTTドコモも起死回生の戦略を練っている。もっとも、この三社の未来を描くことは不可能であるし、本章の目的ではない。そこで最後に、携帯電話各社の広告戦略の予測を期待をこめながら述べてみたい。

二一世紀に入って、より顕著になった携帯電話会社の広告傾向がある。それは、ユーザーの使用シーンに踏み込んだ表現だ。

たとえば〇二年、NTTドコモは「何ページもの報告書より、何人もの説明より、現場の映像は多くのことを伝えてくれる。」として、建設業界における携帯電話の事例広告を掲載した。さらに、〇三年の「ケータイ日記」シリーズでは、アルバイト先やデートの待ち合わせなど何気ないシーンをとおして携帯電話機能をアピール。東芝の「ユビキタスな毎日へ。〜」シリーズも、ビジュアルは携帯電話を使う日常のさりげないシーンだ。こうしたスタイルの広告は、二〇世紀までの携帯電話の広告にはほとんど見られない。当時は、タレントやモデルをとおしたメリットの訴えが大半であった。

携帯電話を自らの分身のように思い、ひとたびなくなればパニックになってしまうような現代人に対し、広告はやっとターゲットの日常に迫る努力を行い始めた。よきにつけ悪しきにつけ、人間にもっとも近い商品となった携帯電話における広告がこれから向かう先は、そうした一人ひとりの「人」の心情・日常・感情にさらに踏み込み、かつ揺り動かす表現戦略にあるのではないか。

# 第8章

## ケータイを教える、
## ケータイから考える

吉田 里織

## 1 「ケータイしまって！」から「ケータイ出して」へ

「はい、ケータイしまって！」

以前勤務していた高校で、授業を始める際に必ず発しなければならなかった言葉だ。生徒たちは休み時間中はもちろん、授業が始まっても、ついつい気になって画面を見ては、メールを打ったりゲームをしたりする。そして、ケータイを「なくてはならないもの」「生活の一部」と表現する。そのあまりの執着の強さに辟易し、毎回同じ「ケータイしまって！」の言葉を発するのにも少々疲弊するなかで、こう思いついた。

「そんなに興味があるのなら、ケータイを切り口に学びを展開できないだろうか。生徒にとって一番身近なものから、私たちの消費と世界のつながりを考える授業案をつくってみよう」

「安くて手軽で便利」という現代の消費ニーズをみごとに満たしたケータイ。次々と新商品が現れ、契約数は伸び続けている。人びとを魅了するこの小さな塊の裏側には、どんな世界があるのだろうか。原料をめぐっての争奪戦、部品製造工場での労働問題、環境問題、そしてリサイクル問題。手のひらサイズの小さな塊から、現代のグローバル化社会、大量消費社会がかかえるさまざまな問題が見えてくる。

こうして、ケータイについての学びが始まった。「ケータイしまって！」から「ケータイ出して！」へ。ここでは、高校の家庭科の授業と教員向けのワークショップの実践から、ケータイについてどう教え、どう考えていくかを論じていきたい。

## 2　身近なケータイ

### 授業のねらいと手法

「ケータイの一生——私たちの消費の裏側で」と名づけたこの授業では、次の二点をねらいとした。

①身近な存在であるケータイの裏側で起きている問題を知り、ケータイをとおして私たちと世界のつながりを考える。

②ケータイの利用者として、あるいはケータイ産業にかかわる者として、国内外の生産者や環境にどう配慮し、ケータイから生じる問題に対して何ができるのかを考えるきっかけとする。

そして、さまざまな参加型の学習手法を用いた。参加型の学習は、知識の伝達よりも問題提起を重視する学習である。従来、学習というと、すでに立証されている知識の吸収と考えられ

てきた。しかし、複雑化した現代の社会的課題に取り組むためには、誰かによって方向性や解決策が与えられるのを待つのでは十分ではない。どのような社会が理想なのか、どうしたらその社会を実現できるのかを、他者とともに学ぶプロセスをとおして考え、行動していくことが求められる。[1] そうした力を育むように、授業では積極的に参加型の手法を用いた。

**私たちの生活とケータイ(導入とクイズ)**

まず、自分たちにとってケータイとはどんな存在であるかを生徒自身の言葉から考えていく。生徒はいま持っているケータイが何台目かを考え、声を出さずに黙って(ジェスチャーは可)、○台目から順に一列に並んでいく。並んだら、何人かに質問する。

「何台目ですか?」
「ケータイを持って何年ですか?」
「買い換えのきっかけは何でしたか?」

これまでの結果では、「○台」という生徒はほとんどいない。クラス全員が利用している場合が多い。なかには、持ち始めて四年で七台目という生徒もいる。

次に、「私にとってケータイとは○○です」と書き、紹介し合う。○○の中身は「なくてはならないもの」「生活の一部」「連絡手段」が多い。時間は数分だが、生徒が当たり前のように使っているケータイと自分との関係性についてあらためて考える、おそらく初めての瞬間でもある。

ケータイをじっと見つめながら、こんな言葉を書いた生徒もいた。

「ないと不安だけど、あったらあったで不安」

ケータイへの思いはさまざまだが、生徒たちにとっていかに身近な存在なのかが、この導入によって明らかになっていく。そのような生徒たちだから、続いて「最初にケータイが登場した国は？」などのクイズを始めると、目を輝かせて考え始める。関心を引きつけたところで、現在の契約数などの問いから、固定電話をはるかに上回る数の多さを確認する。

そして、「なぜケータイがこんなに普及したのか」を考えるために、重さや機能に関するクイズを続けていく。そこから、「軽量化」「多機能化」「低価格化」がケータイ普及の三要素であることが浮かび上がってくる（第2章参照）。さらに、ケータイの一日あたりの廃棄量（一日一二万台という数字に生徒は驚愕）やリサイクル率などの問いをとおして、「大量生産・大量廃棄」の現状を認識していく。

クイズの答えをグループ対抗にするなどゲーム感覚で行うことにより、生徒は俄然張りきって考え始める。ケータイの基本的な知識を「答え」として初めから教えるのではなく、生徒自身が考えることを重視した。「自ら考える」ことが、今回の授業全体をとおして育んでいきたい力の一つであるからだ。

## 3 ケータイができるまで

### 原料の世界地図

ケータイの重さは、わずか一〇〇グラム前後。それなのに、通話だけでなく、メール、インターネット、カメラ、ラジオ、音楽鑑賞、アラームなどいろいろできる。この小さな塊の中に、いったいどれくらいの数の、どんな部品が入っているのか。

生徒たちはケータイの分解図を見ながら、一台あたりの部品数や内容を学んでいく。その際、使わなくなったケータイを解体して見せた。みんな飛びつき、緻密な部品の数々に釘付けになる。実物によって五感に訴える教材は、年齢を問わず学習者の興味を引きつける。生徒たちは物理的な「ケータイの裏側」に初めて出会い、いっそう興味をもったようだ。

続いて分解図を見ながら、原料が調達される国に世界地図上で色を塗り、原料名と部品名を記入する。そして、日本とその国を線で結ぶ。世界地図は線だらけ(図1)。いかに多くの国から、さまざまな原料が運ばれてきているのかが、一目瞭然だ。ここでは、「原料輸出国とケータイの使用国は同じだろうか?」「どの地域の原料が多いだろうか?」などの発問をし、ケータイをとりまく経済のグローバリゼーションについての理解を深めていく。

## 原料をめぐる争奪戦

ケータイ一台の電子部品数は約七〇〇個で、小さな塊の中に世界各地で産出される原料が詰まっている。[2] ケータイが大量生産・大量廃棄される一方で、原料の生産地ではどんな問題が起きているのだろうか。

たとえば内戦が続くコンゴ民主共和国では、部品の原料に欠かせない希少金属タンタルが反政府軍などの主要な軍事資金となっている（第3章参照）。授業では、ＮＨＫスペシャル『戦場のＩＴビジネス～狙われる希少金属タンタル～』（二〇〇一年九月二二日放送）のＶＴＲを活用して、原産地での問題を考えていった。[3] いま自分の手元にある小さな塊の原料を採掘するために、現地の人びとがたいへんな苦労をし、一方でそれが戦争につながっている。その事実を知った生徒の心には、驚きとともに多くの疑問が湧いてきた。その一部を紹介しよう。

「タンタルは便利で希少なものだけど、それがケータイに使われなくなったらどうなるのだろう。コンゴの人たちはどうやって生きていくのか？　戦争などがなくなるのか？　とてもむずかしい問題だと思う。そんなタンタルを私たちはいつも身につけているって、なんだかとても不思議だ」

「ケータイがあるとかなり便利だけど、それによって戦争が起こって大変な思いをしている人びとがいることを知った。そういうことを考えると、本当にケータイは必要なものなのだろうか」

ケータイの原材料

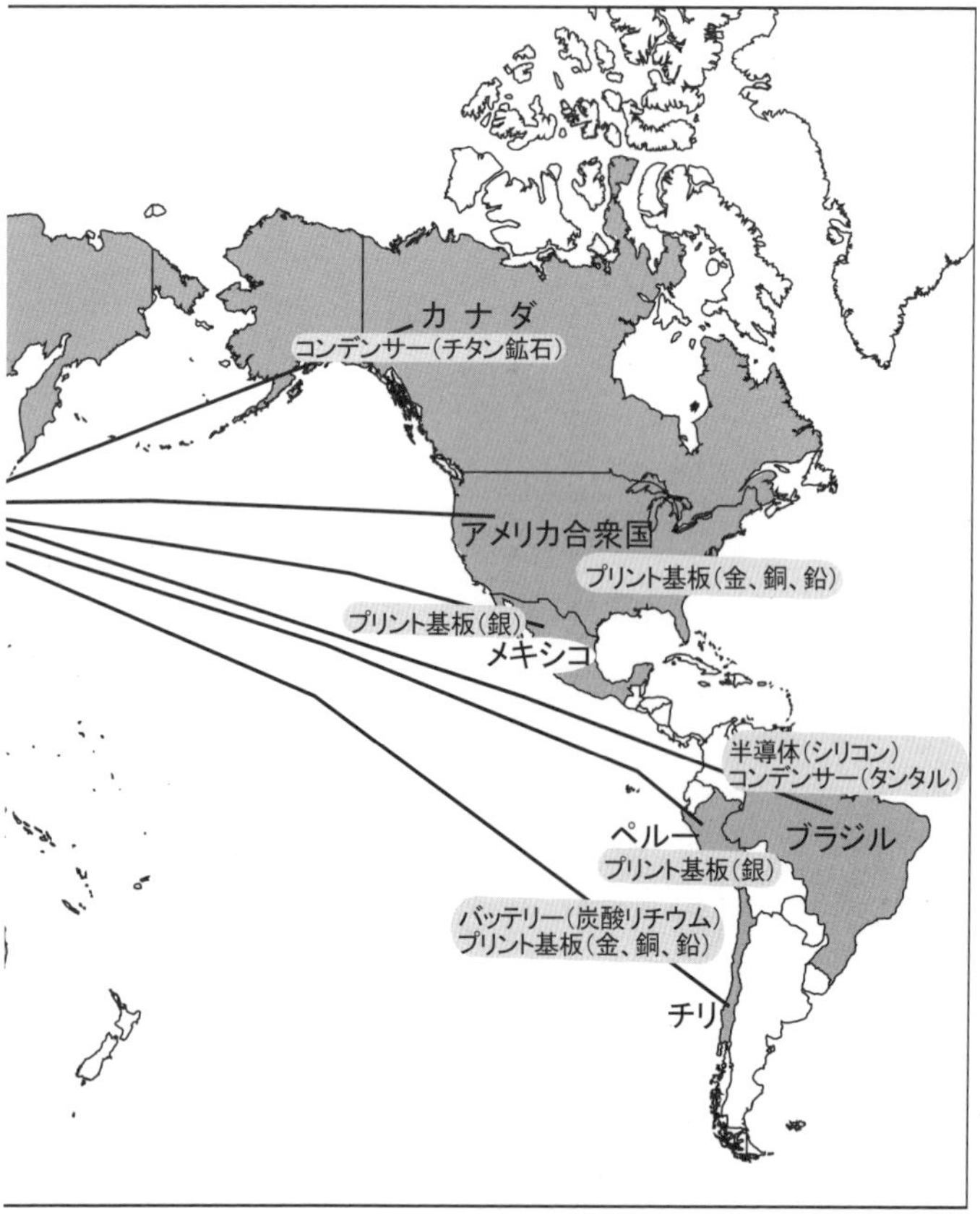
カナダ
コンデンサー(チタン鉱石)
アメリカ合衆国
プリント基板(金、銅、鉛)
プリント基板(銀)
メキシコ
半導体(シリコン)
コンデンサー(タンタル)
ペルー
ブラジル
プリント基板(銀)
バッテリー(炭酸リチウム)
プリント基板(金、銅、鉛)
チリ

図1　世界中から輸入される

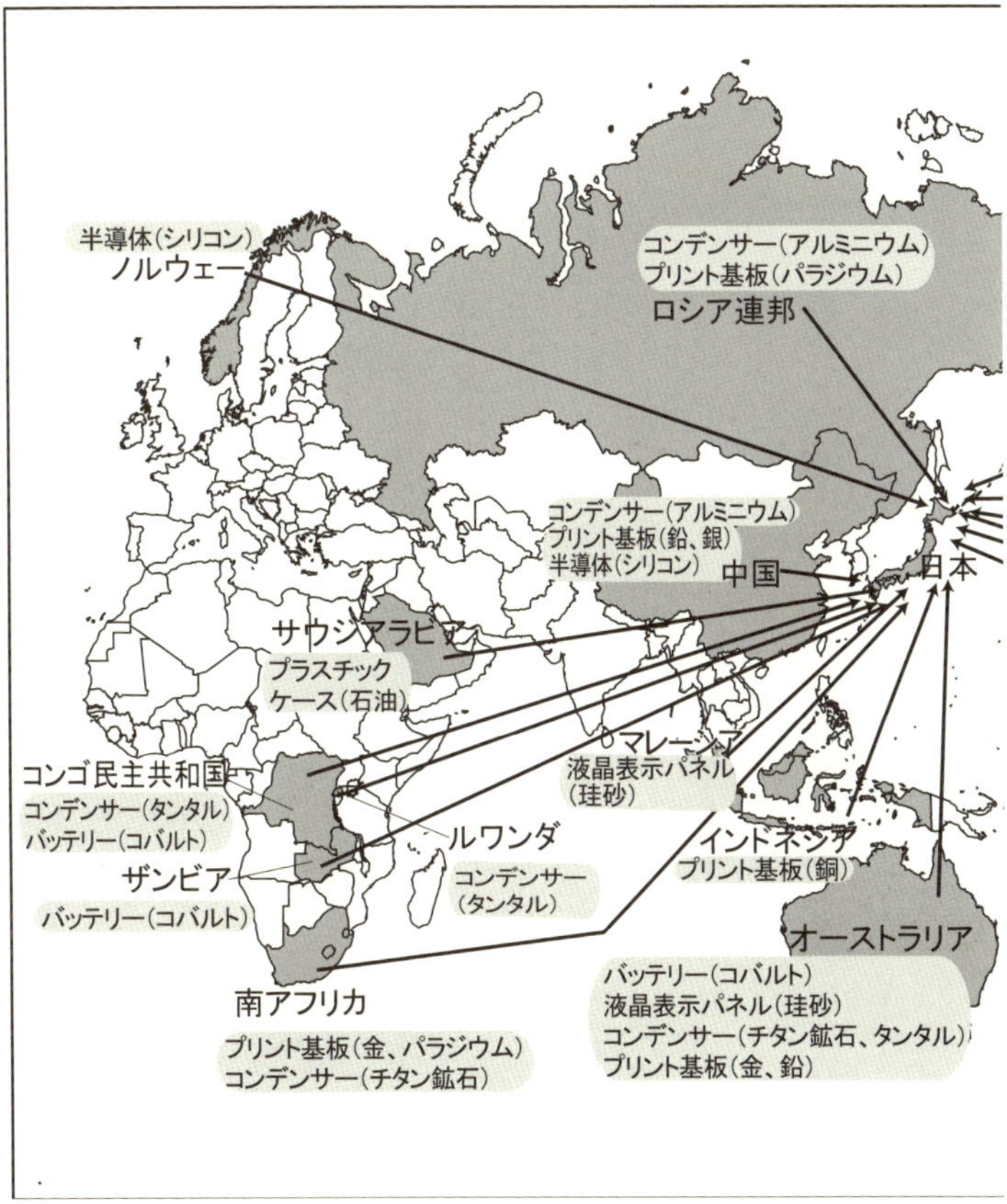
半導体(シリコン)
ノルウェー
コンデンサー(アルミニウム)
プリント基板(パラジウム)
ロシア連邦
コンデンサー(アルミニウム)
プリント基板(鉛、銀)
半導体(シリコン)
中国
日本
サウジアラビア
プラスチック
ケース(石油)
マレーシア
液晶表示パネル
(珪砂)
コンゴ民主共和国
コンデンサー(タンタル)
バッテリー(コバルト)
ルワンダ
コンデンサー
(タンタル)
インドネシア
プリント基板(銅)
ザンビア
バッテリー(コバルト)
オーストラリア
バッテリー(コバルト)
液晶表示パネル(珪砂)
コンデンサー(チタン鉱石、タンタル)
プリント基板(金、鉛)
南アフリカ
プリント基板(金、パラジウム)
コンデンサー(チタン鉱石)

「戦争のために、タンタルのお金が使われていて、戦争で厳しい状態にいる人たちがそれを知らずに採っていて、なんてひどいことをするんだろうと思った！」

生徒たちはあらためて目の前にあるケータイを眺めながら、遠くアフリカの地で起こっている問題に思いを馳せ、困惑していた。それは、現地での問題と自分とのつながりを感じた瞬間でもある。

## 生産現場での労働・環境問題を考えるロール・プレイ

ケータイが普及した三つの要因の一つである低価格化の背景には、部品をアジア地域で安い賃金で製造しているという状況がある。ケータイになくてはならない半導体の生産が世界に占める日本以外のアジア太平洋地域の割合は、一九九三年の一八％から、二〇〇〇年に二五％、さらに〇七年には四九％と急増している(日本は〇〇年が二二％、〇七年は一九％)[5]。そうしたなかで、日本企業は先端部品をアジア各国で生産するようになった。二四時間三六五日稼働でき、人件費が日本の一〇〜二〇分の一と大幅に低く、設備投資費用も安く、生産の調整(「急加速・急ブレーキ」)が可能だからである。[4]

授業では、低価格化の裏側で起きている生産現場での問題を考えるため、ケータイの部品を製造しているタイの日系企業の工場で実際に起きた裁判についてのロール・プレイを行なった[6]。その内容と進め方を以下に紹介しよう。

〈テーマ〉　タイにおける日系企業女性労働者問題

**〈状況カード（問題の要旨）〉**

タイ北部のランプーン市は、古都チェンマイから南へ車で一時間の距離にある。一一世紀に建立された黄金色の寺院ワット・プラタート・ハリプンチャイには寝釈迦像が並び、歴史的な遺産が多い。政府がその近くの農村地帯を開発してタイ北部工業団地をつくったのは八五年。立地する約九〇社の多くが日系企業だ。三万人ほどの労働者の大半が東北部や北部の若い女性で、一年目の賃金は月給四七〇〇バーツ（約一万二五〇〇円）。大半が電子部品メーカーで働いている。

問題が起きたのは、日系企業エレクトロ・セラミック社である。同社は北陸セラミックの現地会社で、ケータイに不可欠な部品セラミックコンデンサーに使われる酸化アルミニウム基板を製造し、工業団地にある村田製作所へ納入したり、輸出したりしている。従業員は約五〇〇人だ。

工場で働くマオリーさん（三〇歳）は、型抜きされた酸化アルミニウムを検品して、そろえる係だった。四年近く働いた九三年から頭痛や体のしびれ、むくみなどが起き、入院し、休職する。酸化アルミニウムは、アルミニウム肺などの病気を引き起こす。チェンマイの病院で化学中毒と診断され、労災を申請したが、認められなかった。しかも、翌年四月に解雇されたため、訴訟を起こした。(7)

〈ロール・プレイ(話し合い)〉

問題を解決するために、関係者による話し合いの場がもたれた。参加者は次のとおり。マオリー(女性労働者)、シリワン(ランプーン市の隣村の村長、五一歳)、リン(他の日系企業工場の元労働者、三〇歳)、シャワット(タイ政府の役人、三六歳)、影山和夫(現地日系企業の幹部、四三歳)、若井聡美(ケータイ利用者、一九歳)。

生徒たちはグループごとに、それぞれの〈役割カード〉に沿って役柄を演じ、問題の解決策について話し合う。

〈役割カード〉

シリワン:工場については私も一言、言いたい。近年、工業団地からの排水で、川の魚が死んだり、湿地の木が枯れてしまった。それに、工場のごみを勝手に捨てていくので、川の汚染・異臭の苦情も多くて、たいへん困っている。住民にはぜん息や皮膚病が多い。また、工業団地ができてから村の土地価格が下がり、子どもたちの教育環境も悪化している。どうにかしてほしい。

リン:私たちの地域は農村地帯で、町のような豊かな暮らしをしたいと思っても、なかなか仕事がなく、工場での仕事は貴重な収入源となりました。たしかに仕事はつらいけれ

ど、お金のためなら仕方ありません。ただ、長時間働いているときには、頭痛やめまいがすることもあり、ときどき皮膚炎にもなりました。防護具は支給されていましたが、作業効率が落ちるので、ほとんどの人が着用していません。眠気覚ましに覚醒剤を使用している人もいました。みんな働くのに必死なのです。退職後、工場で知り合った仲間といっしょに、近くに小さな店を開いています。工場がなかったら、いまの仕事もなかったかもしれません。

シャワット：いまやタイ最大の輸出産業はＩＴ産業で、輸出額の約四分の一を占めています。そのほとんどが先進国の下請けで、大半は日系企業。タイが下請け工場の場所に選ばれているのは、賃金水準が日本の一〇～二〇分の一ほどですみ、他の東南アジア諸国と比べて治安がよいためです。工場についての苦情は聞いていますが、被害補償を一回すると次から次へと同じような訴えが舞い込んでくるので、予算が追いつきません。問題を大きくして日系企業が撤退したら、多数の失業者を生むことになります。そうなれば、タイ全体の経済状況にも影響を及ぼすでしょう。タイ国民のためにも、この問題を大きくせず、少々の問題は我慢してもらいたいです。

影山和夫：私たちは、日本の消費者により安くケータイを提供できるように、日々努力

しています。今回の訴えについては、政府による調査でも、工場での仕事と病気との関係は否定されています。アルミの塵の量は基準値以内のはずですし、防護具も渡しています。現地メーカーの工場よりはるかにクリーンな環境ですよ。従業員は休まず、非常にまじめに働いてくれており、助かっています。一人ひとりの労働時間は、はっきりとはわかりませんが、一生懸命働けばそれだけ賃金がもらえるのだから、彼女たちもありがたいでしょう。私たちは、日本の消費者だけでなく、タイ経済にも労働者にも貢献しているのです。

若井聡美：私にとってケータイは生活の一部、なくてはならない存在です。友だちと連絡を取り合うにも絶対必要だし、ないと不安です。いまの機種は四台目。どんどん機能がよくなっていくので、ＣＭやカタログをよくチェックしています。本体自体は安く売られているので、新しい機種に買い換えるのも手軽にできるのが、うれしいです。海外でつくったほうが安くできるのなら、これからもどんどんいろんな国でつくって、もっと安く売ってほしいです。そうしたら、企業だってもうかるし、私たちだってうれしい。安いのが一番です！

### 葛藤するなかで考える

グループ内で話し合うなかで生徒たちがとまどうのは、リンのセリフである。他の登場人物

は工場に対しての肯定・否定がはっきりしているが、彼女のセリフはどちらとも言えない。実はここに、このロール・プレイのねらいの一つである「問題の複雑性を知る」「自分自身の矛盾に気づき、葛藤する」の要素が含まれている。

ロール・プレイは、参加型の学習でしばしば使われる手法だ。NPO法人開発教育協会では、参加型学習におけるロール・プレイのねらいとして、次の三点をあげている。①合意形成や他者受容などの能力を高める。②ある課題についての理解を深める。③多様な社会集団の関係について理解を深める。(8)

今回ロール・プレイを行なったのは、ケータイに関する問題の構造的理解を深めるとともに、自分と違う立場の人を演じ、さまざまな立場や考え方にふれることにより、他者への想像力を育みたかったからだ。そして、「問題を考えている自分」「他者を考えている自分」に戻って、自分自身の内面と正対するというねらいもこめた。

環境問題や人権問題などを議論すると、理想的な解決方法に終始し、そこに現実の自分が抜け落ちてしまう場合がよくある。実際、授業で生徒が最初に考えた解決法は、表面的で安易といえるものが多かった。そこで、そうした解決法に対して、教員のほうからわざと「意地悪コメント」を投げかけていく。具体的に紹介しよう。

「企業はもっと環境・安全対策をすべきです」

「でも、そうすると費用がかかるから、ケータイの値段が高くなるかもしれない。それでもい

いの？」

「労働者は、防護具が支給されているのだから、つけないのが悪い」

「じゃあ、たとえばあなたが出来高払いのアルバイトをしていて、まわりのほとんどの人が配布されている手袋をつけないでせっせと製造しているとき、あなただけ手袋をする？」

「タイ政府はもっと環境基準を徹底すべきです」

「そうすると、日本企業はタイ以外のもっと基準が緩い国に工場を移転してしまうかもしれない。タイ政府やタイの人たちにとって、それでいいの？」

しだいに生徒たちは、頭をかかえてしまう。自分たちが考えた理想的な解決方法を自分自身に引きつけて考えてみたとき、生徒たちは自分のなかにある矛盾に気づき、葛藤し始める。同時に、どの登場人物の考えも一理あると感じ、解決法を見出す困難さを体感するなかで、問題の複雑性にも気づいていく。

ここでは、明確な解決方法の提示がねらいではない。グローバル化が進んだ現代社会がかかえる課題は非常に複雑で、難解である。それを認識したうえで、なお解決に向けて自分たちの知恵をしぼり、「自分」という主語で考えを深めながら、苦しみともいえる過程を大切にしたい。そのためには、他人事の理想論で終わらず、「では、自分は変われるのか」まで突っ込んで話し合うための発問が必要となる。

ケータイを安く買いたいし、買っている自分。問題を知り、どうにかしたいと思っている自

分。それでもなお、安さへの欲求は捨てきれない自分。ファッション性に魅了されている自分……。さまざまな思いのなかで揺れ動き、葛藤する自分に気づいたうえで、自分がどう変われるのか、何からできるのかを、考えてほしい。

## 学びの整理

ケータイの便利さとともに、さまざまな課題も見えてきた。これからケータイとどう付き合っていけばよいのかを考えるために、学びを整理していく。

生徒たちは、学習のなかで気づいたこと、関心をもったこと、疑問点を一枚の付箋紙に一つずつ書き込む。そして、そのキーワードを順番に模造紙に貼っていく。その際、付箋紙は「海外の生産者」に関する内容と「私たち」に関する内容に分け、似たものは近くに貼るようにする。全員が貼り終えたら、似たキーワードをグループ化し、各グループに見出し(タイトル)をつける。また、関連するキーワードがあれば線で結ぶ。

ここで、アメリカのケネディ元大統領が提唱した「消費者の四つの権利」と、その後で国際消費者機構(IOCU)が提唱した「八つの権利と五つの責任」を紹介する(表1)。そして、模造紙にまとめた問題がそれらの権利を満たしているか・いないか、解決のために消費者として何ができるのか、について話し合う。

生徒たちがあげたキーワードを見ると、「便利さの裏は戦争地帯」「便利な分、陰で苦労して

いる人がいる」など、海外の生産者の安全である権利や健全な環境のなかで働き生活する権利が侵されていることへの関心が目立った。この「便利」に思っている主体は自分自身であり、「私たち」と「海外の生産者」とのつながりへの気づきが表現されている。

また、おとな(教員)向けのワークショップでも、消費者責任というキーワードに典型的なように、消費者の義務への自覚を促す言葉が多かった。たとえば「消費者には発生している問題が見えていない(加害者意識のない問題)」「『自分の利益優先』の『自分』の範囲をより広げたい」「賢い消費者にならなければ」「安ければそれでよいのか」などである。模造紙の「私たち」側に付箋紙が多く貼られたのが印象的だ。

このように問題を視覚的に整理した結果、生産国での問題と私たちとの関係性を再認識し、問題解決のためには自分自身の行動が問われているということを喚起する新たなきっかけが生み出されたといってよい。

表1　消費者の権利と責任

| | |
|---|---|
| 4つの権利 | 安全である権利<br>知らされる権利<br>選ぶ権利<br>意見を反映される権利 |
| 8つの権利と5つの責任 | 生活の基本的ニーズが保障される権利<br>意見を反映される権利<br>安全である権利<br>補償を受ける権利<br>選ぶ権利<br>消費者教育を受ける権利<br>知らされる権利<br>健全な環境のなかで働き生活する権利 |
| | 批判的意識をもつ責任<br>自己主張し行動する責任<br>社会的弱者に配慮する責任<br>環境に配慮する責任<br>連帯する責任 |

## 4　教材としてのケータイの意義

生徒たちは、ケータイを利用する消費者としてだけでなく、自分や家族、親戚、友人などが販売店、ソフトの研究・開発、商社、製造メーカー、通信会社などで働くというように、さまざまな形でケータイとつながっている。そこで、現状を少しでも改善するには何ができるかを、消費者としてだけではなく、多様な立場から考えていく。

### 理想のケータイを考える

「予想以上に多くの問題をかかえているケータイ。ケータイは悪者なの？　ケータイは一切使わないほうがいい？　誰もが幸せになれるようなケータイができたらいいのに」

生徒たちは学んできたことをふまえて、「理想のケータイ」のアイデアを自由に紙に書く。続いてグループ内で紹介し合い、全体で発表する。教員は、出された意見や視点を注意深く拾い上げる。そして、意見の「理想」と消費者や生産者(企業)の「現実」とのギャップがあれば、必要に応じて次のようにさらに質問を投げかけたり、解説を加える。

「一台一〇万円にして、生産国の労働環境を整備する費用にあてる」

「ケータイ利用者が受け入れると思う？　企業は本当に売れると思う？」

「多機能でなくてもよい。もっとシンプルに。でも、もっと軽いほうがよい」

「軽くするために、タンタルのような希少金属が必要だったけれど、その問題についてはどう考えるの？」

一方で、アイデアのなかには、「廃棄後、分解されて自然にかえる素材でできたケータイ」「リサイクルするとその分が寄付金になる仕組みをつくる」など、すでにNGOや企業によって取り組まれている研究や活動もある。たとえば、NTTドコモは環境保全活動の一環として、ケナフ繊維強化バイオプラスチックを使用したケータイを開発した。また、ソフトバンクは、リサイクルで得た収益を世界自然保護基金ジャパン（WWFジャパン）に寄付している。これらの事例を紹介して、安易に「企業は悪者」と語るのではなく、問題や構造を多面的に捉える思考を促していく。

また、出てきたアイデアをケータイ会社のご意見・ご要望コーナーに送るのもよい。ある教員の「消費者の権利と責任」に関する家庭科の授業で、生徒たちが実際に企業へ手紙を出したところ、すぐにていねいな回答を送ってきた企業と、何の反応も示さなかった企業に大きく分かれたという。ここで生徒たちに「企業はなぜこのような対応をしたと思うか？」と問いかければ、企業のあり方についての議論も深められる。

## 改善行動ランキングから考える

私たちの行動や生活を振り返りながら、何ができるかを考えるために、「ランキング（順位付け）」という手法も用いた。

ランキングは参加型学習でよく使われる手法である。ある課題について用意された複数の選択肢を、よいと思うものから順に並べる。ときには生徒同士で意見を交換した後で、他の参加者と比べながら議論していく。授業では、図2のようなワークシートを利用した。

生徒はC「ケータイの買い換えを控える」やH「使わなくなったケータイは、リサイクルのために回収場所へ持参する」など、身近なところでの行動を上位に選択しつつも、下位に選択したG「ケータイメーカーに、労働環境や環境問題を考慮して買い付けするよう提案する」やF「現地へ行って様子を見てくる」にも少なからず興味をもつ。このように、問題解決のための方法は一つではなく、「調べる・知る」「すでにある活動を支援する」「意見を広く伝えたり他人に働きかける」など多様なアプローチがあることに気づけるという意味で、ランキングは有効である。

また、生徒独自の改善方法としては、以下の提案が出された。

①ケータイで割引プラン（家族割引）がいろいろあるが、「長く使えば使うほど割引になる」プランをつくる。

②あらかじめ、労働環境整備などにかける費用を上乗せした料金にする。

図2　携帯電話をとりまく状況を改善するためにできること

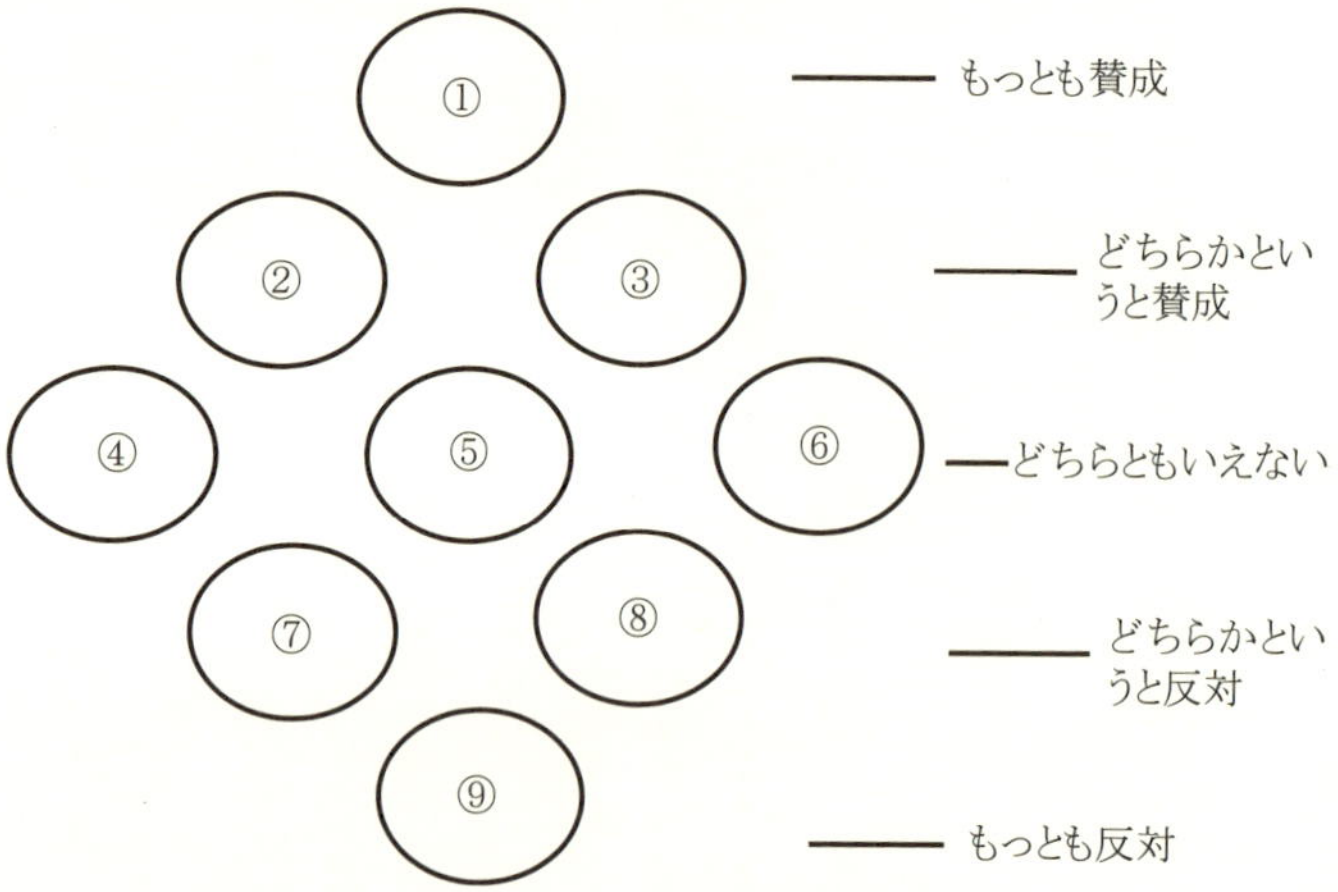


ここに、携帯電話をとりまく状況を改善するための9つの異なる方法が書いてあります。これらは問題意識も視点も方法もさまざまですが、いずれも私たちが何らかのやり方でかかわることができる行動です。
これらを、もっとも賛成するもの一つ、

③ケータイを大事に使う。リサイクルする。

こうした意見は、子どもが考える理想論・空論と思われるかもしれない。だが、最近決まった「インセンティブの廃止」(販売奨励金を減額または撤廃して、代わりに通信料を安くする)のように、実現に近づいている例もある。大切なのは、「問題改善なんてどうせ無理じゃん」と開き直って諦めるのではなく、「少しでも改善に向かう道はないのか」と頭をひねり、「想像し」「創造する」力を養っていくことである。

どちらかというと賛成するもの二つ、どちらともいえないもの三つ、どちらかというと反対するもの二つ、もっとも反対するもの一つに順位をつけ、①〜⑨の枠の中に記号を入れてください。

A　家族や友人にケータイの話を伝える
B　仲間を集めて勉強会を開き、解決策を考える
C　ケータイの買い換えを控える
D　ケータイは一切使用しない
E　製造現場の人びとや原料採掘にかかわる人びとのことを常に心にとめて生活する
F　現地へ行って様子を見てくる
G　ケータイメーカーに、労働環境や環境問題を考慮して買い付けするよう提案する
H　使わなくなったケータイは、リサイクルのために回収場所へ持参する
I　アフリカやアジアで紛争解決や人権問題にかかわるNGOに参加・支援する

①に入れた方法にもっとも賛成するのはなぜですか。
⑨に入れた方法にもっとも反対するのはなぜですか。

知り、行動に結びつけ、想像する生徒たち

授業後、生徒は次のような感想を抱いた。

いま生活しているなかで、どこで作られたか知っているものはほとんどないけれど、本当にそれでいいのかなあと思った。たぶん、よくないと思う。なんだか無責任だと思う。それじゃあどうすればいいんだろうかと考えると、やっぱり知ろうとしなくてはダメなんだと思った。

私たちが直接関係ないと思っていた問題は、関係がどうのこうのと言う以前に、いまの状況について知らなさすぎだったなと思った。問題をどう解決するかも大切だけど、まずは、問題についてもっと多くの人たちに知ってもらいたいと思った。

生徒たちは「知る」ことの意義を感じ、その知識を他者と共有すべきことに気づいている。

自分がいま使っているケータイがどんな過程で作られているかを実際に授業をとおして学び、本当に衝撃を受けた。いまの自分にできることは、壊れたら、直して、とことん使うことだと思う。

最近ケータイを買い換えようとしていたけど、やっぱりやめた。

そして、学びによって得た気づき・知識を自らの「行動」へ結びつけようともしている。

> このような問題は、ケータイに限らずあるのかもしれない。

さらに、モノの裏側、まだ見えていない事柄について「想像」し始めてもいる。

## 「一度立ち止まる」大切さ

数回の授業によって生徒たちがすぐに劇的な変化や際立った行動を起こすことは、きわめて少ない。「ケータイをとことん使う」「買い換えをやめた」と書いた生徒も、日常生活に戻れば新しい機種の誘惑についつい負けてしまうかもしれない。しかし、ケータイを眺めながらその裏側にある問題をふと思い出し、立ち止まるときがきっとあるだろう。なぜなら、一度問題を自分自身のなかできちんと咀嚼《そしゃく》し、それに対する自分の考えを確立できたからである。

消費者にとって、この「一度立ち止まる」ことが大切なのだ。たとえばスーパーで商品を手にして「一度立ち止まり」、原料は何で、どこの産地で、どのような経路を経て、そこにあるのかを考える。政治の動きに対して一度「立ち止まり」、本当によいのかと考える。そして、商品を買おうとする手を止めるのか、違う商品を手にすればよいのかを判断する。政策に賛成すべきか反対すべきかを判断する。

こうした批判的意識の土台となるのが、「知り→理解し→議論し→自分の考えを確立する」過程だ。ここで紹介した授業のような学びの積み重ねのなかで、生徒たちはさまざまな矛盾をかかえながらもより望ましい選択をし、より現実的な行動をとることができるようになるだろう。ケータイは、高校生にとって自分と生産者とのつながりをよりリアリティをもって考え、学びを深めていく、格好の素材といえる。

私たちの身のまわりには、ものがあふれている。それらを無自覚無責任に「安ければいい」と言って消費するのではなく、そのものとつながる人びとや環境を「想像する力」、そこで起きている問題と構造を「知り・理解する力」、そして矛盾・葛藤しながらもよりよい方向へと「行動する力」を育んでいきたい。それは、自立と共生能力のある消費者を育てる学びの探求である。

（1）開発教育協議会編『開発教育ってなあに？』開発教育協議会、一九九八年、参照。
（2）どこからどこへ研究会『地球買いモノ白書』コモンズ、二〇〇三年。
（3）NHK番組の録画の授業での視聴は認められている。NHK教育テレビの『地球データマップ第8回平和への地図』(二〇〇七年八月、九月放送)も一〇分程度にまとめられており、授業で活用しやすい。
（4）吉田文和『IT汚染』岩波書店、二〇〇一年。
（5）『世界半導体市場統計』米国半導体工業会、二〇〇八年。
（6）（4）をもとに筆者が作成した。登場人物は仮名である。
（7）事例としては古いが、現在も根本的な構造はあまり変わっていないため、教材として使用した。
（8）詳しくは『わくわく開発教育——参加型学習へのヒント』開発教育協議会、一九九九年、参照。

# あとがき

実は、私はケータイを持っていない。それを知った人たちは、たいてい「そういう主義なんですか？」と尋ねる。いまのご時世では、〝主義〟として「私は持たない！」とでも言わないかぎり、尋常ではないこととして受け取られてしまうのだ。ましてや「妻も持っていない」と重ねて答えれば、驚きとともに不思議がられる。持たないことに後ろめたささえ感じるほど、いまやケータイは、（少なくとも日本で暮らす私たちにとって）空気や水のようなものである。ちなみに、ケータイを持たない妻とは、共著者のひとり（第2章、第8章）であることも白状しておこう。持っていない者からすれば空気や水のようには思えないからこそ、ケータイがむしろ気になるのだ。

高校の家庭科教員である妻の授業実践が、本書刊行の端緒となっている。第8章で紹介したとおり、授業中もケータイが気になってしかたがない生徒の存在が、〝ケータイを机の上に出してもよい授業〟へとつながる（これを教材化した『ケータイの一生――ケータイを通して知る　私と世界のつながり』（開発教育協会、二〇〇七年）も、あわせて参照していただきたい）。生徒といっしょにケータイを紐解いていくなかで、実にさまざまな社会の縮図が見てとれた。こうした気づきを教室の中に閉じ込めておくのではなく、一冊の本として共有したいという思いを本書に具現したつもりである。

アマゾンで「ケータイ」と入力して検索すると、七七一件もの書籍があがってきたが、社会的な視点で多角的に捉えたものは見当たらないように思う。その意味では、あまたあるケータイ関連書のなか

で異彩を放つ本になったと自負している。『ケータイの裏側』とやや挑発的なタイトルをつけたが、決して告発本ではない。非難だけしたところで、何も生み出しはしない。本書は、ケータイをとりまく人びとと未来志向的な対話をするための糸口である。そして、ケータイをとおして社会を見つめ、私たちがどのような社会に生きようとするのか学びあう場を創出していきたいとの願いをこめている。

私たち執筆者の思いが本書に結実するまでには、ケータイ関連産業に携わる通信事業者、機器メーカー、広告会社などの方々、研究者やユーザーとして調査・執筆に協力してくださった皆様などの、多大なご協力をいただいた。心からお礼を申し上げたい。ここで一人ひとりお名前をあげられない失礼を、なにとぞご容赦いただきたい。

最後に、本書の編集を担当してくださったコモンズの大江正章氏に深い謝意を表したい。大幅に締め切りを過ぎてしまった執筆者も複数いたおかげで、何度も最新情報に差し替えざるをえなかったにもかかわらず、常に適切なアドバイスをいただいた。

めまぐるしく変化するケータイ産業において、現段階でできるかぎりの情報の収集に執筆者一同努めてきたつもりである。それでもなお至らない部分があれば、ご寛恕いただければ幸いだ。その点を補う意味でも、この先ケータイがどの方向に向かっていくのか、皆さんとともに見守り、考え続けていきたい。

石川　一喜

二〇〇八年四月

〈著者紹介〉

星川《ほしかわ》　淳《じゅん》　1952年生まれ。NPOグリーンピース・ジャパン事務局長。主著＝『魂の民主主義』(築地書館、2005年)、『日本はなぜ世界で一番クジラを殺すのか』(幻冬舎、2007年)。

吉田《よしだ》里織《さおり》　1976年生まれ。高校教員。共著＝『パーム油のはなし』(開発教育協会、2005年)、『ケータイの一生』(開発教育協会、2007年)。

石川《いしかわ》一喜《かずよし》　1971年生まれ。拓殖大学国際開発研究所助教。共著＝『開発教育ってなあに？　開発教育Q&A集［改訂版］』(開発教育協会、2004年)。

廣瀬《ひろせ》稔也《としや》　1972年生まれ。東アジア環境情報発伝所代表。共編著＝『地球と生きる133の方法』(家の光協会、2002年)、『環境共同体としての日中韓』(集英社、2006年)。

羽渕《はぶち》一代《いちよ》　1971年生まれ。弘前大学人文学部准教授。共著＝『若者たちのコミュニケーションサバイバル』(恒星社厚生閣、2006年)、『近代化のフィールドワーク』(東信堂、2008年)。

植田《うえだ》武智《たけのり》　1962年生まれ。科学ジャーナリスト。主著＝『危ない電磁波から身を守る本』(コモンズ、2003年)、『しのびよる電磁波汚染』(コモンズ、2007年)。

川中《かわなか》紀行《のりゆき》　1956年生まれ。プレゼント代表。

ケータイの裏側

二〇〇八年四月一〇日　初版発行

著　者　吉田里織・石川一喜ほか



発行者　大江正章

発行所　コモンズ

東京都新宿区下落合一-五-一〇-一〇〇二

TEL〇三（五三八六）六九七二

FAX〇三（五三八六）六九四五

振替　〇〇一一〇-五-四〇〇一二〇

info@commonsonline.co.jp

http://www.commonsonline.co.jp/

印刷／東京創文社・製本／東京美術紙工

乱丁・落丁はお取り替えいたします。

ISBN 978-4-86187-046-0 C 0030